Backable The Surprising Truth Behind What Makes People Take a Chance on You

桑尼爾・古普塔 Suneel Gupta 、卡莉・阿德勒 Carlye Adler 著　林麗雪 譯

7個步驟，讓人想挺你

學會「被看好」的特質，貴人就會出現

推薦序　贏得他人支持，是不可或缺的超能力　劉俊成　009
好評推薦　012
前　言　翻轉人生，從贏得別人相挺開始　017

PART 1

7個步驟，從沒人看好，到人人相挺

步驟1　先說服自己　030
給新構想孵化時間　033
正面迎擊反對意見　040
重視拋棄式作品的價值　045

衡量你的情感跑道　048

步驟2　設定一個核心人物　052

我們會對「一個人」產生共鳴　055

分鏡腳本是同理心的橋梁　059

牢記你服務的核心人物　064

步驟3　用心找到的獨到祕密　069

尋找谷歌搜尋不到的事　073

用努力讓人著迷　077

步驟4　讓人覺得這是「勢在必行」的選擇　085

像「沙發上的人類學家」一樣觀察世界　087

化解「押錯寶」的恐懼 091
現在進行式的行動 096
願景應該根據現實，而不是空想 098

步驟5 把局外人變成同陣營夥伴 102

與其把構想說死，不如展現它的可能性 106
別漏掉「我們的故事」 111
讓參與者成為英雄 115
構想不可以百分之百定案，留點想像空間 121

步驟6 正式上場前，不斷熱身練習 126

場地太小根本不是問題 130
接受丟臉和負面回饋 133
不要問：「你覺得怎麼樣？」 134

建立你的支持圈 138
二十一次法則 144
打掉重練你的風格 147
步驟 7 卸下自我的包袱 150
說再多，都不如親自示範 151
聚光燈要照在「訊息」，而不是「自己」 154
取悅所有人，不如找到真心喜愛的人 158
※ 各章精華摘要 166

PART 2

近距離學習 值得相挺人士的祕訣

・如何讓你的信念像「刮鬍刀片」一樣鋒利
創投家──克斯汀・格林　179

・身歷其境的力量，讓《鐵達尼號》得以實現
娛樂公司高層與投資家──彼得・錢寧　187

・不是追逐綠色潮流，而是看見永續未來
企業家──亞當・洛瑞　199

・扮演人類學家的重點不在觀察，而是同理心
顧問、投資家和企業家──提娜・夏基　208

・得靠努力爭取到的未來，不必大費唇舌
企業家──安迪・鄧恩　219

・最具原創性的，是人人都能共鳴的「故事」
電影製片人——布萊恩・葛瑟　229
・低調卻有力的說故事魅力
創投家——安・山浦子　238
・這就是我，你不喜歡也沒關係
錄音師、DJ和企業家——崔佛・麥克菲德里斯　246
・熱情是裝不來的
非營利組織領導者和教育者——約翰・鮑弗里　253
結語　當下的遊戲　259
致謝　268
參考文獻　271

推薦序

贏得他人支持，是不可或缺的超能力

劉俊成

身為在矽谷初創企業及跨國五百強企業中擔任過CIO、CTO、CDO，並擁有創投合夥人經驗的我，深刻理解在現代商業環境中，如何讓人願意支持你的理念與行動，是決定成功與否的關鍵。這也是我極力推薦《7個步驟，讓人想挺你》這本書的原因。

這本書由一位曾經歷職涯低谷、創業失敗，卻最終逆轉人生的創業家所著，內容直指「如何成為值得他人相挺的人」的核心祕密。書中提出的七個步驟，不僅是理論，更是作者在矽谷多次創業與推廣產品的實戰經驗，對我這樣在科技與投資領域摸爬滾打多年的專業人士而言，具有極高的參考價值。

第一步「先說服自己」深得我心。身為企業高管，我見過太多優秀的技術專家或創業者，因為缺乏自信或對自身理念的堅定信念，導致無法有效說服團隊或投資人。作者以自身經歷說明，只有真正相信自己所做的事，才能自然流露出感染力，這是任何華麗簡報或演講技巧無法替代的基石。

第二步「設定一個核心人物」與第五步「把局外人變成同陣營夥伴」特別適合我在跨國企業與投資圈的實務操作。無論是推動企業數位轉型，還是為新創募資，找到關鍵決策者並讓他們成為支持者，是成功的關鍵。書中教你如何構建分鏡腳本、分享留點想像空間的資訊、讓支持者成為你的英雄，這種策略我在管理大型團隊及投資談判中屢試不爽。

第三步「用心找到的獨到祕密」與第四步「讓人覺得這是『勢在必行』的選擇」則提醒我，創新不只是技術的突破，更是洞察市場與用戶需求的深度挖掘。作者強調，讓人感受到你的構想是勢在必行的趨勢而非空想，對於矽谷新創企業尤其重要，因為投資人和合作夥伴需要看到現在進行式的行動。

第六步「正式上場前，不斷熱身練習」和第七步「卸下自我的包袱」則是突破自我限制、建立支持圈的關鍵。身為一名技術領袖，我深知在公開場合表達想法的挑戰，這兩步驟教會我們如何勇敢面對尷尬，並學會將焦點放在理念和團隊上，而非個人。這種心態轉換，是領導力提升的重要一環。

書中穿插多位業界領袖與創投家的真實案例，從創投家克斯汀・格林到娛樂高管彼得・錢寧，他們的故事讓理論更具說服力，也讓我看到「值得相挺」的特質如何在各行各業發揮影響力。這種跨領域的視角，對我在多元產業投資與管理中極具啟發。

更重要的是，作者的親身經歷——從被視為失敗者，到創辦 Rise 這家遠距醫療新創、獲蘋果評為年度最佳新應用程式，最終被 One Medical 以數倍估值收購——充分證明了這七個步驟的實用性與威力。這種從零到一的蛻變，正是每位創業者和企業領袖夢寐以求的成功典範。

總結來說，《7個步驟，讓人想挺你》不僅是一本關於說服力和影響力的實用指南，更是一部啟發自我成長與勇氣的心靈之書。無論你是科技業的創新者、跨國企業的高管，還是創投家，這本書都能幫助你理解如何打造值得他人信賴與支持的個人品牌，並在激烈競爭中脫穎而出。

我誠摯推薦這本書給所有渴望提升說服力、擴大影響力，並實現夢想的專業人士。透過作者分享的七個步驟，你將學會如何從內心說服自己，進而打動他人，贏得真正的支持與合作。這是每一位領袖不可或缺的超能力。

（本文作者為前特斯拉亞太科技長，現 Xelerate Ventures 創辦人、總裁）

好評推薦

最成功的人不僅僅是出色……他們是值得相挺的。這是我在招募領導人和資助創業者時最看重的特質——現在我有了一個好名字，也有了一本書來說明需要怎樣做。無論你是想在公司裡出人頭地，還是想從零開始建立一家創業公司，這本吸引人的書是你的必讀之作。

——里德・霍夫曼，領英共同創辦人

最傑出的人，不只是才華洋溢……他們更是值得相挺的。這本傑出的書可以成為你的祕密武器，讓你的想法實現。

——丹尼爾・品克，《什麼時候是好時候》作者

這本書真是勇敢。我感覺自己就像和桑尼爾坐在一起，聽他揭開任何人都能採取的祕密步驟，脫穎而出並實現夢想。

——雷舒瑪・索雅妮，《勇敢不完美》作者

值得相挺不僅僅是名人和執行長的特權。這是每個想要在世界上成功的人所需的技能。這本書將改變職業生涯的軌跡，將新想法推向世界，並在未來幾年激發派對上的話題。

——珍妮佛．艾克，《幽默》作者

本書揭示了我在領導者、活動家和企業家中尋找的「X因素」。成為值得相挺的人會改變世界對你的看法——以及你對自己的看法。

——布萊恩．葛瑟，奧斯卡金獎製作人

本書提供了一種易讀且可行的方法，讓你的想法能夠成真。無論你是在推銷一個新創企業，還是為公司下一個產品提出想法，你都會在書中發現大量的見解和故事。

——邁克．克里格，Instagram 共同創辦人

作者說明

這本書精煉了我多年來的學習心得，其中的一些對話已經盡量原汁原味呈現出來。但為了保護某些人的個人隱私，他們的姓名和身分已經稍做改變。

前言

翻轉人生，從贏得別人相挺開始

我很想落跑，但來不及了。等一下，我就要對著滿屋子的矽谷傑出人士講一個故事，它充滿警示意味，是關於一段完全偏離理想軌道的職業生涯——從計畫被砍、錯失升遷機會，到加入的幾家新創公司瀕臨破產。這個故事很難看，但也很有趣。那我為什麼想打退堂鼓呢？因為這是我本人的故事。

幾週前，我接到一通未顯示號碼的來電。我接了起來，心裡很希望是眾多沒有回覆我的投資人之一。結果對方自我介紹說她是名為「FailCon」活動的籌辦人。FailCon的意思是「失敗者大會」。她說：「很有趣。我們大會已經兩次提名你擔任主講人。」也許對她來說很有趣，但我可笑不出來。我這個身材不高的印度小伙子，也只能盡量壓低嗓音，好讓自己的聲音聽起來像個值得信賴的專業人士和企業家。

我向她提起自己的新創點子，是一個名叫Rise的遠距醫療服務，可以透過手機為用戶媒合個人營養師。我沒有告訴她，這個點子的推展不太順利。我沒有招募到員工，也沒找到投資人。但她似乎直覺感受到我的絕望，於是提到當天的觀眾中可能會有投資人。聽到這句話，就夠了。我當場同意擔任失敗者大會的主講人。

就在演講前一刻，我開始質疑自己的人生選擇。我的人生怎麼會變成這樣？我在密西根州郊區長大，也在當地念完大學，接著在底特律市中心從事一份ＩＴ工作。薪水不錯，但每天的工作內容一成不變：排除故障、建立電子表格和維護資料庫。這是一份單純到令人麻木的工作。因此我的心裡總是期待著哪一天有人朝我這邊一指，說：「這小子是明日之星啊！我們要找個更好的方式來善用他的才能。」但這並沒有發生。在辦公室一片隔間之海中，我只能坐在座位上，一心等著被發掘。

後來，我做了不少人在迷惘時會做的事——去讀法學院。在第三年的時候，我收到一家位於曼哈頓中城、氣勢十足的大型企業律師事務所的聘用邀請。光是簽約金就是我在底特律薪水的兩倍。但我有一種不祥的預感，接下這份工作可能又會讓我回到三年前的那種狀態……焦躁不安、無聊透頂。或許我還不確定自己真正在尋找什麼，但很清楚知道，這份工作不是我要的。

所以我婉拒了這個工作機會，開始主動打電話給不認識的矽谷業界人士。我渴望加入正在開創一番新事業的公司。最後，我在火狐瀏覽器（Firefox）的開發商 Mozilla 找到一份工作。我的本職工作應該是負責法律事務，但後來發現大樓的另一邊更吸引我，那是工程師和設計師辦公的地方。我會探頭看他們在做什麼，然後詢問：「有什麼我可以幫上忙的？無論多小的事都沒關係。」最後，他們還真給了我一次機會，主導與推出火狐瀏覽器的一項新功能。與這些工程師和設計師合作創造新事物，激發了我內在的熱情。我終於找到了命中注定要做的事了。

我在 Mozilla 歷練累積的實力，後來也讓我被一家鮮為人知的新創公司挖角，成為第一任的產品開發主管。這家公司就是後來的團購網站酷朋（Groupon）。短短兩年內，我們的員工已經遍布全球，超過一萬名。每年的營收達數億美元。它的成長速度超越谷歌、臉書，甚至蘋果。《富比士》雜誌有一期封面主打的標題就是「酷朋是有史以來成長最快的公司」。酷朋的ＩＰＯ（首次公開發行）規模在美國網路公司的排名也僅次於谷歌。❶

然而，酷朋後來迅速崩塌。不到一年的時間，它的市值大幅縮水，從一百三十億美元的高點暴跌至不到三十億美元，蒸發了將近八五％。❷當初給我機會、錄用我的共同創辦人兼執行長安德魯・梅森，也在這時遭解雇，由他人接替。❸

這也是我該離開酷朋的時候了。在幾家新創公司工作多年後，我意識到，自己真正想做卻一直不敢做的，就是創業。此時，我有經驗了，也自認有一個前景看好的點子。可是我始終無法讓別人對這個願景感到興奮。與此同時，我每天都會聽到有新創公司創辦人獲得資金挹注的訊息，心裡不禁納悶：「為什麼不是我？」身在創意點子橫飛的矽谷，但我感受到的沮喪，又和當年坐在底特律小隔間裡一樣。我仍舊在等待某人的關注——等著有人來發掘我。

一年多後，站在失敗者大會的舞台左側，我的手機震動起來。是我哥哥桑杰（Sanjay）的來電。桑杰是曾獲艾美獎的電視記者、《紐約時報》暢銷書作家，還是一名神經外科醫生。在我仍努力讓爸爸驕傲時，桑杰的成就早就讓全印度的所有爸爸引以為豪了。我發簡訊給他：「稍後回你電話。」我也很忙嘛——我待會兒可是要在一場談「失敗」的大會上擔任主講人呢。

我快速發表完這場演講。一邊演講時還伺機在人群中尋找投資人，卻完全沒注意到正在做筆記的記者。又過了一年多，我完全忘了失敗者大會的經歷。這時，我已經招募了一支小團隊與自己一起開發Rise，只是這個點子仍然沒有得到支持。我們一直努力尋找客戶，資金也快燒光了。我和共同創辦人急需籌措資金，才能擴大團隊陣容、推出優質產品，並建立有成效的夥伴關係。如果不盡快找到這筆錢，我的創業夢就要結束了。

改變世界的人擁有的一項超能力

然後，發生了一件改變一切的事。那是個星期六的早晨，我無意中聽到妻子莉娜和丈母娘在通電話。她說：「媽媽，我們不會搬回家的。對啦，我知道舊金山的開銷很高。」我走進房間時，莉娜正拿著當天的《紐約時報》，攤開的那一整版是關於「失敗」的長文報導，我的照片赫然在最醒目的位置。

我看過的通緝犯照片都比這張更討喜。

這篇報導被迅速瘋傳。這段期間只要上網搜尋「失敗」，跳出來的前幾條搜尋結果中，一定會有那篇以我為主角的《紐約時報》報導。我整個職涯都在努力打造一個成功的形象，結果現在卻成了失敗的代表人物。我的收件匣裡塞滿了安慰的訊息。爸媽還開口提出要幫我支付當月的房租。以前法學院的教授也主動聯繫，想幫我找到一份「正經工作」。多年未聯絡的朋友直接發來訊息：「你還好嗎？」

認清自己再也不能躲在「弄假直到成真」的偽裝後面了，於是我決定嘗試一下這個新身分。我開始利用《紐約時報》這篇報導來破冰，向非常成功的人士發電子郵件。我在郵件裡這樣寫：「從以下這篇報導中，你可以發現我現在其實非常茫然。請問你願意和我喝杯咖啡，給我一些指點嗎？」

這招成功了。這篇文章為我鋪路，讓我有機會和許多很有趣的人進行數百場開放又坦誠的對話。其中包括獨角獸新創公司的創辦人、奧斯卡獲獎電影的製片人、料理界的傳奇人物、國會議員、樂高和皮克斯等指標性企業的高階主管，甚至還有五角大廈的軍事領導人。

最後，我得出了一個徹底翻轉人生的領悟：**這些改變周遭世界的人不僅聰明……他們還具有「值得相挺」的特質**。他們擁有一種看似神祕的超能力，這種超能力結合了「創造力」和「說服力」。這些值得相挺的人表達自己的觀點和感受時，會觸動他人。當他們提出一個構想時，別人就會付諸行動。

你可能認識這種似乎天生就值得相挺的人。鄭重聲明一下，我**不是**這種人。我天性內向，外表看起來比實際年齡小很多，而且容易在壓力下表現失常，就像我搞砸了和傑克．多西（推特共同創辦人）的那次面試。

當時多西剛創立新公司 Square，我打算應徵產品開發的職位。儘管那時候我已經擁有多年帶領產品團隊的經驗，但坐下來和他面談時，我竟然對他的所有提問，即使是最簡單的問題，全都答得語無倫次。我很緊張，汗流浹背，說話結巴。在我們共處的三十分鐘裡，我眼睜睜看著多西的笑容漸漸消失，最後變成一臉困惑。

我明明有能力勝任這個職務，結果卻沒被錄用。

類似這樣搞砸面試的經歷，人人都有過——有些事在腦海裡聽起來明明就動人心弦，但一從你的嘴巴說出來就變得索然無味。這種感覺就像想把一張皺巴巴的鈔票塞進販賣機裡，卻怎麼試都不順。

但你那張皺巴巴鈔票的價值，和嶄新平整的鈔票完全一樣。你我其實都有潛力變成值得相挺的人。我們只需要稍微調整自己的風格，保留自身優勢，又不會犧牲造就我們的特質。

從「失敗代表」變成「創新標竿」

這本書談的，正是這些調整：七個令人意想不到的改變，導正了我的人生與職涯的軌道。採取這幾個步驟之後，我從在團隊會議上發言會感到不自在，變成可以自信地在蜜雪兒．歐巴馬和提姆．庫克等人的辦公室裡提出想法。我從《紐約時報》的失敗代表，變成紐約證券交易所刊物評選的「創新標竿」。

我的提案簡報從一開始沒半個投資人買單，到後來成功募得數百萬美元。《今日秀》重點報導了Rise，蘋果公司更將它評為「年度最佳新應用程式」。歐巴馬主政時期的白宮選擇我們公司，做為解決肥胖問題的合作夥伴。最後，業務蒸蒸日上的One Medical在籌備上市期間，以原始估值的數倍價格收購了Rise。

一發覺這些調整的威力，我就無法藏私了。我一定要和全世界分享。它不僅適用於企業家，從醫生到音樂家、從教育工作者到時裝設計師，各行各業的人士都可用。無論是藝術家想在心儀的畫廊展出作品、會計師希望客戶根據建議採取行動，還是護理師想推廣一種新方法來降低病人對止痛藥成癮的風險，每一個人都需要這些技巧。如今，我將贏得別人相挺的七個步驟傳授給醫院、企業、慈善機構和工作室的職場人士。我也到哈佛大學授課，教導學生如何開創值得別人相挺的職涯。

因為我深信，所有人心中都藏著絕妙的好點子。然而，大多數人都不敢說出來，也害怕別人否定或無視。我們都知道那種被無視或忽略的感覺。那是一種覺得自己不夠格的感受。

才能未被開發，不是只有你如此，它其實普遍存在。但才能被埋沒，帶來的代價很大——損及我們的福祉、社會，甚至人類的生命。

無法讓人挺你的慘痛代價

挑戰者號太空梭發射的那天早上，美國太空總署工程師鮑伯．艾伯林（Bob Ebeling）痛苦地捶打著汽車方向盤，眼裡含著淚水，無助與痛心地說：「所有人都會死的。」❹就在前一天，艾伯林曾提出警告指出，夜間的低溫會使太空梭的橡膠O型密封環變硬、失去彈性，導致密封失效。他蒐集了資料，召開一次會議，試圖說服同事延遲發射計畫。但他的努力未能奏效。

起飛七十三秒後，太空梭在空中解體，七名機組人員全數喪命，包括克莉絲塔．麥考利夫（Christa McAuliffe）——她本來會成為首位前往太空的教師。❺艾伯林餘生都在自責，懊悔自己無法說服會議上的眾人。在他過世前，曾對美國公共廣播電台說：「我想，這是上天犯的一個過錯。祂不該選我做那份工作。」❻

不妨將艾伯林與知名詐騙犯比利．麥克法蘭（Billy McFarland）做個比較。麥克法蘭成功說服名人、政府和投資人，為名為「Fyre音樂節」的專案投入數百萬美元。麥克法蘭在介紹中承諾，音樂會上有全球最炙手可熱的音樂人、白色沙灘和五星級住宿。結果，賓客抵達現場時，被帶到一個救災帳篷，只領到了一份起司三明治，甚至還很難找到乾淨的飲用水。如今，麥克法蘭因詐欺罪被判處六年徒刑，但大家仍然百思不得其解：一個名不見經傳、毫無成功紀錄的創辦人，究竟如何說服這群有頭有臉的人物掏出兩千六百萬美元資助他？[7]

如果我們能把比利．麥克法蘭的說服力，「移植」給像鮑伯．艾伯林這樣的人，世界會變得更美好。這就是我寫這本書的原因。這個世界需要更多有高度誠信、又懂得如何推銷好主意的人。

成功的相反不是失敗，而是無聊

我最喜歡的「值得相挺」故事中，有一位主角曾被《時代》雜誌稱為「開創者」，她是黛米揚蒂．欣戈拉尼（Damyanti Hingorani）。[8]欣戈拉尼的童年是在印巴邊境附近、以難民身分度過的。她住在一個沒有自來水和電的家庭裡，卻仍然設法自學閱讀。她從頭到尾讀完的第一本書是亨利．福特的傳記。這本書點燃了她的一個夢想——對那個年代、那個地區的小女孩，有人可能會說那是不可能實現的夢想：她想成為福特公司製造汽車的工程師。

欣戈拉尼很幸運，擁有相信她的父母。他們省吃儉用，把她送上了航向美國的船。多年後，從奧克拉荷馬州立大學畢業的那天，她登上了前往底特律的火車，準備應徵自己夢寐以求的工作。

但那是一九六〇年代，正值顛峰的福特公司，雇用了上千名工程師，卻沒有一位是女性。因此，當欣戈拉尼終於見到招聘經理時，他以一種中西部人特有的禮貌告訴她：「很抱歉……我們這裡沒有聘用女性擔任工程師。」❾

欣戈拉尼很沮喪，收起略微發皺的履歷，抓起皮包，起身要離開。但在那一刻，有某種感覺忽然湧上心頭。她突然想起自己走到今天所經歷的一切——她和父母做的所有犧牲。她轉過身，直視招聘經理的眼睛，向他訴說自己的故事：深夜在煤油燈下讀著有關T型車的一切；當她登船最後一次揮別父母時，心中不知道彼此是否還能再相見；因為工程學院沒有女生廁所，所以她只能騎自行車離開學校去上廁所。她經歷的這一切，全是為了能來到這家公司。

然後她說：「如果貴公司連一個女性工程師都沒有，那就給自己一個機會，**現在**就雇用我吧。」正是在那次面試上，在一間看起來很普通的辦公室裡，一位來自密西根州郊區的中年主管決定賭一把，給一個來自印巴邊境、年僅二十四歲的難民一個機會。就這樣，一九六七年八月七日，黛米揚蒂．欣戈拉尼成為福特公司史上第一位女性工程師。[10]

在接下來的好幾年，欣戈拉尼成為移民的指路明燈，為那些也渴望相信「未來會更美好」的人帶來希望。她促使整個汽車產業改變招聘制度，並在福特公司內部提攜有色人種女性。在服務三十五年退休後，她成為國際非營利組織 Girls Who Code（程式女孩）中鼓舞人心的力量，該組織為全球三十多萬名女孩提供技術培訓課程。[11]

欣戈拉尼翻轉了一切——改變了整個職場、移民的命運與婦女的處境。她也為我改變了一些事。如果欣戈拉尼沒有打動那位招聘主管，沒有讓自己成為值得相挺的人，我就不會在這裡寫這本書。因為黛米揚蒂．欣戈拉尼就是我媽媽。

當我努力想被看見、甚至一度成為搜尋「失敗」這個關鍵字的熱門結果時，是媽媽鼓勵我繼續往前走。是媽媽讓我明白：**成功的相反不是失敗，而是無聊**。不要坐等別人邀請你去分享想法，因為這一天可能永遠不會到來。為了成功，你一定要走出去，啟發別人看見你內心看到的自己。

這本書會告訴你如何做到。

PART 1

7個步驟，從沒人看好，到人人相挺

步驟 1

先說服自己

一九六九年，時任美國總統的尼克森為了籌措越南戰爭經費，正在大砍預算。其中首當其衝的，就是美國公共廣播公司。它是根據前任總統詹森推動「大社會」計畫成立的，但尼克森認為，它是裝文青，沒有存在的必要性。這項預算刪減案還需要參議院批准，但這似乎只是走一下流程，因為參議院通訊傳播小組委員會主席約翰·帕斯托（John Pastore）是越戰的支持者。

唯一的阻礙是一名性情溫和的男子，他主持的一檔電視節目，帕斯托參議員甚至根本沒聽過。❶ 當這位主持人安靜等待發表證詞時，帕斯托很難掩飾自己的攻擊態度。他有點不耐煩地說：「好吧，羅傑斯，輪到你了，想講什麼快講。」

這位「羅傑斯」不是別人，正是知名兒童節目《羅傑斯先生的鄰居》的主持人佛瑞德·羅傑斯（Fred Rogers）。接下來發生的事，你也許知道了：羅傑斯用一場七分鐘的演講，保住了美國公共廣播公司的未來。這場演講後來成了無數文章、書籍與瘋傳影片的主題。有人形容他的發言「迷人」和「扣人心弦」。要不是這場演講，《芝麻街》和《宇宙》這樣傳奇的節目可能根本不會問世。

然而，如果回過頭**觀看**羅傑斯這場演講的錄影，你的感受可能會不同。他坐立不安，笨手笨腳地翻找文件。他說話的聲音平淡又單調，也沒有使用手勢。從許多方面來看，他的言行舉止與你從國際演講會（Toastmaster）或戴爾．卡內基等公開演講課程中學到的技巧完全相反。那麼，是什麼因素讓這次演講的影響力這麼大呢？

開始撰寫這本書時，我原以為那些值得相挺的人在傳達想法的過程中，可以找到一種特定的**風格**，比如善用眼神交流、手勢和語速節奏來吸引觀眾。然而，在深入挖掘後，我才發現事情根本不是這樣。

看看有史以來觀看次數最高的TED演講❷，你可能會驚訝地看到，肯．羅賓森爵士在探討「學校是否扼殺了創造力」時，站姿鬆散，一隻手還放在口袋裡。再看看伊隆．馬斯克發表太空探索技術公司（SpaceX）的未來時，你可能會同意《Inc.》雜誌的標題：「伊隆．馬斯克的演講連基本功都沒做到」。❸搜尋iPhone初次發布會上的文字紀錄，你可能會驚訝地發現，史蒂夫．賈伯斯至少說了八十次「呃」。❹

儘管如此，羅賓森的演講多年來始終穩坐TED觀看次數的榜首，馬斯克的四十分鐘演講有大約兩百萬的瀏覽量❺，至於賈伯斯的這場iPhone發布會，更是史上最受關注、被討論最多的產品發布會之一。

打動人心的，不是魅力，而是信念。值得相挺的人真心相信自己所說的事，他們只是讓這份信念，透過最自然的風格流露出來。如果你不是真的相信自己說的話，那麼無論製作的投影片再精美，手勢多麼引人注目，都無法拯救你。要說服別人，你必須先說服自己。

在為 Rise 準備提案簡報時，我花了很多時間專注於展示花俏的細節。我製作了一份看起來很厲害且帶有精美視覺效果的投影片。我還想出了吸睛的標語，並在鏡子前練習手勢。

但提案簡報不是獨白，而是來回交鋒的互動，我的對象往往是非常擅長提出犀利問題的人。雖然最初的十五分鐘簡報通常進行得很順利，但接下來四十五分鐘的問答時間，我的表現往往會開始走樣。

我現在明白為什麼了。彼得・錢寧（Peter Chernin）是傳奇的媒體高階主管，曾製作過《關鍵少數》、《大娛樂家》和《賽道狂人》等奧斯卡提名電影，同時還投資了 Pandora 音樂串流平台、Headspace 數位醫療和 Barstool Sports 體育平台等新創公司。錢寧告訴我，當他還在猶豫是否要支持一個構想的時候，有時會看著提案的電影製片人或企業家說：「這是我聽過最愚蠢的構想。」然後他會等著看對方是會退縮，還是展現出堅定的信念。

這種事如果發生在我第一次為 Rise 做提案時，我肯定會不知所措，只想縮起來逃離現場。我可能有花俏的投影片，但沒有很強烈的信念。我都沒先說服自己，就試圖想說服別人。當認清「信念」對於贏得別人相挺有多重要後，我決定開始學習那些值得相挺的人是如何對一個新構想建立堅定信念。

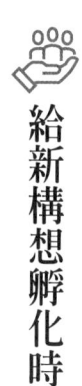

給新構想孵化時間

二〇一〇年二月十五日，在西班牙北部的巴斯克鄉間，一家米其林二星餐廳馬佳里茲（Mugaritz）毀於一場大火。消防員花了兩個小時、動用五套裝備才撲滅火焰，但為時已晚。

馬佳里茲餐廳包括廚房在內的主要部分，全數燒毀，重建工作需要幾個月的時間。儘管在這段耗資龐大的修復期間沒有收入，但老闆兼主廚安多尼·阿杜里茲（Andoni Aduriz）仍然照常支付四十名員工的薪水。❻阿杜里茲深受世界各地廚師的愛戴，因此在馬佳里茲瀕臨永久歇業的消息一傳出，從日本到委內瑞拉的餐廳紛紛伸出援手，幫助他分擔重建的費用。儘管如此，阿杜里茲知道，一旦馬佳里茲重新開業，唯有餐廳生意興隆，才能彌補所有損失。

這位主廚召集整個團隊，宣布在接下來的四個月裡，每一刻都不能浪費。他們沒有餐廳、顧客，甚至沒有完整的廚房，唯一剩下的就是腦中的構想。他們要利用這段時間回到原點，重新構思，也反思過去所學，並提出原本看似不可能的概念。

四個月後，當馬佳里茲重新開業時，阿杜里茲和他的團隊徹底改造了這家餐廳——從擺桌方式，到料理體驗的核心理念，全數改頭換面。在火災之前，顧客會拿到兩份菜單：一份偏向經典料理，另一份是大膽創新的菜餚。浴火重生後，馬佳里茲捨棄了那份安全的經典菜單，因此從踏進餐廳開始，迎接顧客的只有一場料理的冒險。為什麼要這麼做？因為在那幾個月裡，團隊激盪出非常多極具創意與獨特性的菜色，他們已經不想再打安全牌了。

十年後，阿杜里茲告訴我，那幾個月成了餐廳和自己烹飪哲學的轉捩點。他說：「毀滅和創造是相隨的。這場火災，其實讓我們重建了自己，變得更忠於自我，更忠於我們真正想要成為的樣子。」

也正因為如此，當火災即將屆滿一週年之際，阿杜里茲做了一件讓美食家困惑，也令不知情遊客敗興的事。他主動關閉馬佳里茲幾個月，重新設計菜單，就像火災後所做的一樣。從這時起，馬佳里茲每年都會停業三個月。而年年如此的結果是：馬佳里茲被評為全球十大餐廳之一，也是唯一連續十四年穩居榜單的餐廳。❼

值得相挺的人行事作風往往很像阿杜里茲主廚。他們會持續在手機或記事本上記下點子，然後將這些構想帶進孵化期。他們不會急著分享，而是在幕後醞釀和建構自己的構想。後文會提到的比爾・蓋茲，就會安排所謂的「思考週」，在這段期間，他會帶著一堆書遠離塵囂，目標就是：讓自己保持開放，接受新觀念。❽被喻為「創業者搖籃」的 Y Combinator 是知名的新創加速器，催生了 Instacart、Stripe、DoorDash 和 Dropbox 等公司。該公司的共同創辦人保羅・格雷厄姆（Paul Graham）就說過，與其急著找投資人，創辦人不如花點時間靜下心來，釐清為什麼自己的新創公司值得別人投資。❾

一個構想剛浮現腦海時，其實尚未成形，也肯定還不適合拿出來面對現實世界。但我們因為對它的可能性很興奮，就會犯一個錯誤：在構想尚未成熟之際，就把別人拉進來參與。每當我對某個新點子熱血沸騰時，就會有一股想立即分享的衝動。

但在這樣尚未成熟的階段，別人即使出於善意的反應，也可能扼殺一個構想的火花。如果對方的反應不如自己期待，你的熱勁可能當場就會被澆熄。況且，你根本沒花時間好好釐清腦中的想法，說出口的內容粗糙模糊，竟然還期待對方給出完整、有見地的回應。當這樣的回應沒出現時，你的熱情也會消磨殆盡。

想像一下，有天早上醒來，你拿起一杯咖啡突然靈光乍現，冒出一個點子，眼睛隨之一亮。你立刻跳上車直奔辦公室，在公司剛好碰到主管崔西亞。你忍不住要跟她說自己想出一個「最有趣的點子」。她沒有打斷你，於是你開始分享讓團隊成員互相提供回饋意見的全新方法。這個方式是匿名的，實行方法超級簡單，只需要發送簡訊就能完成。最重要的是，你不必等到績效考核才知道團隊對個人的看法。講到這裡，你的聲音開始激動起來，臉上還露出微笑，覺得自己的點子實在太有才了。

然後就發生這種狀況了。崔西亞問：「這個系統如何知道**什麼時候**要從同事那裡蒐集回饋意見？」你想了一下說：「這個問題挺有意思的，嗯，我想就每隔幾個月蒐集一次吧。或者，也許我們可以根據……根據某些狀況自動發送通知……唉呀，這部分我得再想想。」接著，崔西亞給你一個空洞的眼神，然後淡淡地「嗯」了一聲。

多年來在公司內部指導員工的經驗，讓我領悟到一件事：大多數新點子遭扼殺的地方，都不是會議室，而是在走廊和休息室。因為這些構想在真正成熟之前就被分享了。當我們沒有得到預期的反應時，往往會將它們束之高閣。但其實並不是點子不好，只是它們還沒到分享給別人的時候。

孵化期的重要性不僅限於創業者。大約在二〇一七年，樂高十年來首次出現銷售和獲利雙雙下滑。⓾雷米．馬塞利（Rémi Marcelli）是自學出身的廣告主管，一年前才被延攬加入，擔任這家丹麥玩具製造商的行銷和傳播部門主管。當時公司高層請他協助找出因應辦法。⓫結果他非但沒有照要求提出具體對策，反而徹底撼動了這家擁有八十年歷史的企業。

馬塞利告訴我：「我不會妄下結論，而是先做實驗。」這就是為什麼在獲利趨緩的情況下，他反而提議公司也要放慢速度。馬塞利主張自己部門的業務全面暫停兩個月，這樣他和團隊才能擁有一段孵化期，最後帶著全新想法回歸。

在樂高管理層勉強點頭同意下，馬塞利採取的暫停方式，和阿杜里茲主廚非常類似。在馬佳里茲，烹飪團隊會提出一百個左右的點子，開始他們的孵化期，結束時會留下約五十個他們覺得有信心的構想。這些往往是阿杜里茲認為最吸引人、最能充分挑動每個感官享受的菜餚。在其中一次的孵化期中，阿杜里茲和團隊還刻意將新鮮水果和可食用真菌放在一起，後來竟然研發出一道外觀看似腐爛水果，嘗起來卻像甜點的料理，名為「貴腐果」（Noble Rot），這道菜也迅速在Instagram上掀起熱潮。⓬

就像阿杜里茲一樣，馬塞利和他的樂高團隊將一長串的點子精簡到只剩下幾個，其中包括一個肯定會讓公司內部一些人感到不安的構想。樂高歷來的做法多半是每一個產品線針對特定的客戶市場，在各自領域推出獨立的行銷宣傳活動。但在孵化期間，馬塞利和團隊越來越篤定這個構想是正確的：應該以熱情點為核心展開更大規模、更頂級的宣傳活動。儘管這些活動不會針對每條產品線、性別或年齡進行客製化，但會降低活動的公式化程度，他們相信這樣做會產生更多的市場話題。在暫停期結束時，馬塞利已經進行了足夠的實驗，也建立了足夠的信心，確定這是突顯樂高品牌新構想的最佳方式。

馬塞利的提議即將打破一個多年來行之有效的慣例。如果他在孵化期之前就分享這個構想，多半會遭否決。甚至只要**稍微透露**，就可能會有人告誡他不要浪費時間去推進這個構想。但馬塞利沒有急著說出口，而是給予這個構想足夠的時間和空間去測試和改進，最後他和團隊才滿懷信心地走進會議室。他們先說服了自己，也因此顛覆了一家產業龍頭長達數十年的傳統。

憑藉新的工作方式，樂高扭轉了二〇一七年收入和利潤下滑的局面，並在二〇一八與二〇一九年進入成長期，即使當時的玩具產業變得更嚴峻，像玩具反斗城這樣的零售商都接連熄燈了。⓭ 如果今天去參訪樂高總部，你會看到，從創新團隊到 IT 部門，整個公司都在進行小規模的孵化期實驗。

我希望自己當初在構思 Rise 時，能花更多的時間來孵化。但這個點子浮現時，我實在太興奮了，根本就是迫不及待想和大家分享。幾週之內，我就開始聯繫潛在的投資人，邀請他們一起喝咖啡。如果回頭看我努力募資的那一年就會發現，我把八〇%以上的時間都花在製作給投資人看的簡報上，剩下的時間才用來孵化具體的概念。我幾乎把所有的時間都花在說服投資人，卻很少花時間來說服自己。

事情要反過來。至少要花八〇%的時間說服自己，剩下的時間再來整理投影片、商業計畫，或是其他說服支持者的資料。與其拿著製作精美的資料卻信心不足，不如帶著堅定信心、但製作很陽春的資料走進會議室。

關於主廚阿杜里茲和馬塞利的例子，需要注意的一點是，他們的孵化期會設定一個結束日期……並不是無止境的。主廚阿杜里茲設定了馬佳里茲重新開幕的日期，馬塞利也安排了向樂高高層介紹策略的時間。如果不為孵化期設定期限，很容易會在一個點子上停滯不前，遲遲不去推動它的進展。出於紀律的考慮，值得相挺的人會避免採取「多久都沒關係」的方法，並在日曆上標記截止日期。到那時候，你不是對自己的想法有充分的信心，就是要繼續前進了。

我在各行各業都見過這種做法。唱片製作人兼投資人特洛瑞・卡特（Troy Carter）曾與嘻哈音樂人圖帕克・夏庫爾和威爾・史密斯等明星合作過，他曾表示自己之所以支持女神卡卡，就是她有緊迫感和專注力。[14]其實這是因為卡卡面臨一個明確的時限。她當時剛與Def Jam唱片公司解約，只能睡在祖母家的沙發。卡卡的父親眼見女兒受挫，就給她一年的時間去爭取另一份唱片合約，否則就得回學校念書。[15]結果她成功了。女神卡卡不僅成為全球歷來唱片銷量最高的藝人之一，《時代》雜誌也將她列為十大最成功的大學輟學生。[16]

正面迎擊反對意見

在Mozilla工作的時候，我曾在業餘時間創辦了名為「Kahani運動」（Kahani Movement）的新創公司。我們用開源軟體讓紀錄片製作變得更容易。這是一個有趣的點子，得到了每年在美國德州舉辦藝術節的西南偏南（SXSW）公司的認可，但我始終沒能想出用這個點子變現的方法。然而，它確實讓我得到了領英共同創辦人里德．霍夫曼的注意，他也對以開源軟體來開創創意應用的新方式充滿熱情。我的點子失敗了，但霍夫曼成了我的良師益友。

當Rise接連遭到投資人拒絕時，霍夫曼分享了他的提案能成功的一個關鍵。霍夫曼告訴我：「在募資簡報的時候，可能遇到一至三個會成為障礙的問題，你要正面迎擊它們。」

霍夫曼第一次實踐這個方法時，還只是蘋果公司的基層員工。他告訴我：「我想成為產品經理，但沒有相關的背景。」這確實是一大問題，因為當時大量條件符合的應徵者已經讓招聘團隊應接不暇了。霍夫曼知道，單憑自己的簡歷要脫穎而出，根本行不通。霍夫曼告訴我，當他找到蘋果 eWorld 團隊產品管理主管詹姆斯・艾薩克（James Isaacs）時，他決定嘗試一種新的做法，他直接正視了那個明顯的反對理由。他說：「我知道自己沒有任何產品管理的經驗。所以，如果整理一份詳細的文件來說明我的想法，你會願意看看嗎？」

艾薩克斯同意了。幾天後，霍夫曼帶著他的想法回來了。他提交的文件顯然不是由具有豐富經驗的人撰寫的，但已經足以讓艾薩克斯看見霍夫曼的真實潛力。這就是霍夫曼產品管理職涯的起點。透過正面迎擊自己缺乏經驗的問題，而不是試圖掩蓋，結果，一個原本可能不太看好他的人，成了他在職場上最早的一位支持者——也成了幫他奠定職涯基礎的貴人。

多年後，當霍夫曼與別人一起創辦領英時，他知道投資人最大的疑慮是營收問題。他說：「他們還在為網路泡沫破滅療傷止痛。投資人當時只關注『經過驗證的商業模式』，而我們連一毛收入都沒有。」

但霍夫曼沒有迴避營收的問題，而是正面迎擊。他在提案一開始就坦承公司營收不足，然後迅速展示領英未來可能的三種賺錢方式：廣告、刊登服務和訂閱。因為在投資人提出反對意見之前就率先面對，霍夫曼贏得了足夠的信任，讓人相信他一定能解決問題。

後來霍夫曼還提醒一點：反對意見要越早面對越好。他說：「在簡報的前幾分鐘，是你最能抓住投資人注意力的時候。大多數的投資人一開始就帶著疑問而來，如果你主動表明自己理解他們的主要擔憂，就可以在接下來的提案簡報中爭取到他們的關注。」

雖然我通常會使用投影片來提出新構想，但我覺得它們對準備過程的幫助不大。投影片反而讓人閃避反對意見，因為你可以躲在籠統的重點條列和花哨的視覺效果後面。這正是傑夫．貝佐斯在高層會議中取消投影片的一個原因。⓱

隨著亞馬遜的發展業務超越了書籍領域，貝佐斯不斷收到員工提出的新點子，包括新的產品線、收入來源和技術能力等。但貝佐斯在提案會場內以吹毛求疵聞名，他覺得大家都準備不足，才無法回答他的問題。

因此，他將亞馬遜的提案流程從投影片改為書面敘述。如果你有新的概念要和貝佐斯分享，就必須寫一份內容經過周延思考、篇幅約三到五頁的文件，以完整句子和段落清楚闡釋想法。貝佐斯在宣布這項改變時說：「如果有人在 Word 中列出一連串的條列式內容，那就和做 PowerPoint 一樣糟。」[18]

曾經歷過這場從投影片轉為書面敘述變革的高階主管告訴我，構想的品質沒有改變，但闡釋的品質大幅提升了。一位前亞馬遜的高階主管跟我說：「每次寫完詳述文件後，我總覺得自己對於傑夫的提問更胸有成竹了。」

雖然條列式內容可以表達你相信**什麼**，但完整的段落會強迫你去解釋**為什麼**。當我寫一份新的詳述文件時，會強迫自己對提出的構想至少列舉三個關鍵反對意見，然後用完整的句子來回答。如今，由於我不再使用條列式內容，所以就必須使用「因為」這樣的字眼，實實在在地解釋自己的想法。不過，我很少和其他人分享自己的詳述文件。它們只是我用來先說服自己的個人工具。

剛開始做 **Rise** 的提案時，我總是盡力迴避反對意見，也希望投資人不要提出來。但總是事與願違，而且在我答不上來時，這些瞬間就變成了「被抓包」的時刻，我的構想也完全觸礁了。

聽完霍夫曼的故事後，我暫停了募資過程，開始思考批評者的觀點，並選擇正面迎擊反對意見。Rise提供媒合用戶與個人營養師的服務，雖然我有一套招募營養師的周詳計畫，但不知道如何找到用戶。減重領域的廣告成本高昂，而且市場早已被臨慧儷輕體（Weight Watchers, WW）和珍妮·克雷格（Jenny Craig）等大品牌占據，競爭激烈。

因此，我空出兩週的孵化時間，思考一些接觸客戶更靈活、成本更低的方法。像主廚阿杜里茲一樣，我想快速測試一系列的構想。最初的一個構想是請醫生轉介病人給我們。但在調查了十幾名醫生後，我發現他們已經被許多醫療保健新創公司疲勞轟炸，太多人請求他們幫忙轉介了。

我轉而去測試其他的管道，最後終於找到一個真正有潛力的方向。有個朋友剛剛參加了一場名為「泥漿跑」（Tough Mudder）的賽事。他給我看了數千人聚集在芝加哥郊外比賽起跑線上的照片。我做了一些研究發現，馬拉松、鐵人三項和泥漿跑之類的賽事，正在以驚人的速度成長。如果我們為正在接受訓練的人媒合自己的個人營養師呢？我開始打電話給賽事主辦單位，結果得到不少正面的回應。我投放了一個針對跑者的試水溫臉書廣告，結果真的有人點擊回應了。

當我再次面對投資人時，再也不會迴避「客戶獲取」的問題。我直接正面迎擊，一開始就坦承，這仍然是一個有待解決的問題，接著展示了像泥漿跑之類賽事的趨勢線，以及我們已經執行的測試結果。這絕對不是針對反對意見的完美答案。但因為選擇面對而不是迴避，我得到更多的信任，並化解了一些本來會讓潛在投資人耿耿於懷的疑慮。這樣一來，我反而將他們的注意力帶回到提案中更有說服力的部分。

重視拋棄式作品的價值

薩爾曼・魯西迪是暢銷書作家，得過布克獎，也因為對文學的貢獻，英國女王封他為爵士。他也是我最喜愛的作家。我還在芝加哥讀法學院時，有一天發現魯西迪行經我住的小鎮。我馬上瘋狂地在網路上搜尋他的電子郵件地址，並懇求他和我一起喝咖啡。他親切地答應了，他願意在會議的空檔中給我十五分鐘的時間。可是在我開口問第一個問題「你如何得到寫作的靈感」時，可以看出他很後悔答應了這次的會面。

他直視我的眼睛一會兒，彷彿在提醒我，要謹記他接下來的話：「我不是得到靈感才去寫作。我就是去寫。」魯西迪接著告訴我，他每天早上都會坐在桌前，就像其他人一樣。他寫的大部分內容都不能用，但他相信，每天寫出的那堆文字裡總會埋著一小顆值得保留的珍珠。多年下來，他把這些珍珠串在一起，寫成了一頁頁文字、一章章內容，以及十幾部小說。

將一個新點子付諸實現是一個主動的過程，而不只是放在腦子裡亂想而已。你得真的開始動手，不管是透過寫作、繪畫、寫程式或其他任何事，累積足夠的成果，才能退一步自問：「我走的方向正確嗎？」但是，這件事對包括我在內的人來說很難，一個原因是，答案可能是「不正確」，我們就會覺得之前的努力都白費了。

六歲時，我回新德里探望親人。他們剛買了人生中第一台電視機，這台黑白電視機帶有一根連接到屋頂的「兔耳朵」天線。這種連結總是有點干擾，所以我和表兄弟會一起跑到屋頂，調整一下兔耳朵，然後飛奔下樓觀察結果。有時調整兔耳朵還不夠，電視螢幕仍然會有一些雪花狀的雜點。在這種情況下，我們就需要將整根天線換位置，移到屋頂的另一個角落，然後從頭開始調整。

大多數人都害怕把想法寫下來，因為可能一看到結果就意識到：不是調調兔耳朵就能解決，而是必須整根天線移位，重新來過。但說服自己的那一大步，就是接受「拋棄式作品」是創作過程中很自然的一環。這本書交給編輯前，我其實已經砍掉了一百多頁的內容。但我必須把這些段落寫下來，才能看清它們其實不太適當。而且怎麼調整都不能解決模糊的問題時，我就必須整段完全捨棄，另起爐灶。

如果你和我一開始一樣，很排斥「拋棄式作品」這個概念，也許尚恩·萊恩（Shawn Ryan）的故事會帶來啟發。萊恩是一位苦熬多年的電視編劇，他寫了十六部劇本，不僅沒有一部登上螢幕，也沒賺到一毛錢。直到寫到兩部劇本——一部是《紐約重案組》，另一部是《賴瑞桑德斯秀》，萊恩說他終於找到了自己的風格。這些劇本引起了由唐·強生主演的犯罪劇《納什大橋》創作群的注意。他們給了萊恩第一份專業編劇的正職工作。

在空閒時間裡，萊恩持續寫作，孵化新的構想。他開始對一個新點子產生信心：故事的主角是名叫維克·麥基（Vic Mackey）的反骨警察，他是洛杉磯警察局突擊隊的隊長，因貪污而受到調查。ＦＸ電視網買下了該劇，萊恩成了《光頭神探》的創作者和製作統籌。該劇獲得了六項艾美獎提名，並成為最早吸引葛倫·克蘿絲和佛瑞斯·惠特克等電影明星轉戰小螢幕的電視劇之一。

萊恩一夜成名，在好萊塢聲名鵲起，但事實上，他花了好幾年時間在寫著那些「拋棄式」的作品。當我問萊恩那些沒被採用的劇本時，他告訴我：「這些努力都沒有白費」，如果沒有這一切的累積，他也無法寫出《光頭神探》。

他給新銳作家（或任何懷有點子的人）的建議是：「在與外界分享之前，先把自己的功課做足。你必須成為最熱情的擁護者。在打動別人之前，你必須先打動自己。」換句話說，你要願意先做必要的工作來說服自己。

衡量你的情感跑道

在新創圈中，我們特別在意的是「資金跑道」，也就是銀行裡還剩多少資金足以支撐持續運作和發薪。但我們不太談「情感跑道」，它是指我們繼續推動新構想的剩餘精力。

這些年來，我看到精力耗盡的創辦人比金錢耗盡的創辦人更多。想把一個新構想帶到這個世界，需要極大的毅力。你會面對很多懷疑、衝突，還有最後期限的要求，但仍然要維持高度的信念和信心。保持高昂拚勁的唯一方法就是，你對這個構想的熱情不斷續航。理智上感到有興趣很重要，但通常是不夠的，你需要投入情感。

心理學家長期以來認為，人的大腦是由兩個系統組成的，一個是理性系統，一個是情緒系統。社會心理學家喬納森．海德特在他的《象與騎象人》一書中，用大象與騎象人來比喻兩者：騎象人代表理性的一面，喜歡分析問題、權衡選擇，以及爭論解決方案。但是大象，代表你更感性的一面，給了你持續推進新構想的能量。⑲

在發展一個新概念的初期，我們可能會完全與內在那頭大象和諧一致。我們對某個願景或可能性感到興奮。但隨著我們深入探討商業模式和營運等實務問題，內在的騎象人就開始接管了。我們開始執著於某個點子的邏輯，卻經常忽視了情感面。

但要說服自己，兩者缺一不可。光是釐清自己的構想是否適合市場是不夠的，你必須弄清楚它是否適合自己。這個構想是否觸動了你內心深處的某個感覺？以創作和主演百老匯音樂劇聞名的林—曼努爾．米蘭達（Lin-Manuel Miranda）說，他「以愛情為生」。像《漢密爾頓》音樂劇這樣的構想，需要好幾年的時間才能創作出來，所以米蘭達說，當你有一個構想時，「你真的必須愛上它」。⑳

潛在的支持者可以察覺出你是否喜愛自己的想法。這就是為什麼對事業有深厚情感的創辦人特別受到投資人青睞。創投公司安德里森．霍洛維茲（Andreessen Horowitz）的營運合夥人瑪吉特．溫麥克斯（Margit Wenmachers）最近告訴我關於驅動公司（Propel）的事情，驅動是一家幫助美國低收入者管理食物券的新創公司。當創辦人吉米．陳（Jimmy Chen）向合夥人介紹這個構想時，顯然與這個主題有很深的情感連結，部分原因是在他的成長過程中，家裡有時候會面臨三餐不繼的情形。㉑

你不需要擁有親身經歷才能感受自己的熱情。但你的構想需要引起自己情感上的共鳴。奧斯卡獲獎導演戴維斯．古根漢曾執導《不願面對的真相》和《蓋茲之道：疑難解法》，他告訴我：「每個人的腦海裡都有不同的聲音。」他提到，自己的「聰明聲音」總是說「這個鏡頭很酷」或「以前從來沒有人這麼做過」之類的話。但他會盡量不去理會自己的聰明聲音，轉而關注一個構想帶給他的感受。「如果某件事讓我徹夜難眠、生氣或哭泣……這些源自本能的強烈情感從來沒有讓我失望過。」

因此，在弄清楚一個構想是否適合你時，要問問自己是否愛上它了。當你深入挖掘時，請繼續關注內在的大象，留意新的挑戰是否為自己帶來動力，或者只是逐漸在耗盡心力。

我得坦承自己就曾犯了讓理性騎象人主導一切的錯誤。當時在考慮是否創辦一家新公司時，我製作了試算表，列出各種商業點子。表格上的欄位都是創業界典型的評估指標，例如：市場規模（越大越好）和競爭（越小越好）。

但是當我與一位導師分享這張試算表時，她問了我一個簡單的問題：「這些點子中，哪一個讓你熱血沸騰？」我掃了一下表格後，忽然意識到一個殘酷的事實：沒有一個讓我熱血沸騰。當時我在酷朋工作，腦海中的所有構想都與電子商務有關。雖然我在理智上對電子商務感興趣，但並不熱愛這個市場。

當時如果我執意去做其中一個點子，可能很快就會耗盡自己的「情感跑道」。於是我將這張表格整個打掉，重做了一張新表格。這次不再列什麼市場規模和競爭等評估指標了。A欄列出了「點子」，B欄回答了一個簡單的問題：熱愛嗎？（是或否）。這個練習迫使我開始思考真正讓自己充滿活力的構想。然後我想起了一位營養師如何挽救了我父親的生命。

步驟 2

設定一個核心人物

在新創界，克斯汀．格林（Kirsten Green）被喻為「造王者」。她於二〇一〇年創立了 Forerunner Ventures 創投公司，此後投資超過八十家公司，並帶領團隊募資總額六．五億美元以上。她被《時代》雜誌評為百大最具影響力人物之一，並被科技媒體 TechCrunch 評為「年度創投家」。

在格林的職業生涯早期，有人告訴她一家刮鬍刀新創公司的事，但她當時斷然表示「毫無興趣」投資。格林本身具有分析師背景，她判斷：刮鬍刀片是利潤偏低的產品，顯然不適合電子商務。更何況，即使這家新創公司成功起步，也必須正面迎戰吉列等市場巨頭。

但就在聽說這家公司的刮鬍刀片概念兩天後，格林在舊金山的一場晚宴上竟然碰到該公司的創辦人邁克爾．杜賓（Michael Dubin）。而且親自聽完杜賓提案後不到十分鐘，格林就決定要資助他。格林告訴我，在那次偶然的對話結束後，她心裡想的是：「我必須和他做生意。」

杜賓讓格林改變心意的，並不是說出「我們要用更好、更便宜、線上銷售的刮鬍刀顛覆一個數十億美元的市場」之類的話。事實上，他向格林介紹了自己設想的核心人物：一名二十多歲的男性，他會積極關心自己的健康，包括吃進身體內與塗抹在**身體上**的東西。他也比父親或祖父更重視便利和隱私。然後，在鋪陳好這位核心人物後，杜賓一步步講述了這個人在藥妝店購買刮鬍刀時，經歷了一段令人沮喪又繁瑣的過程。他在擺設過時的貨架上尋找刮鬍用品區。當他終於找到時，他發現，刮鬍刀片是放在一個上鎖的櫃子裡。他按下求助鈴，等於是向整間店的人宣告他要請人來開玻璃櫃取東西。而且，這個玻璃櫃裡不僅有刮鬍刀，還有保險套和瀉藥。他只能待在走道上乾等，任由其他人投以異樣眼光，卻無法移動，因為怕錯過拿著鑰匙前來協助取貨的店員。當店員後來終於出現時，一臉不悅，看來是手上的工作硬生生被打斷了。接著，在他做出購買的決定時，店員還一路緊盯著他。

杜賓描述得太生動、太具體了，讓人一聽就清楚理解到，為什麼整個體驗過程非得改變。他沒有說一些籠統的話，例如：「這種體驗很不方便，又過時」，而是用充滿畫面感的敘述，帶領格林身歷其境體驗客戶的購買過程，然後讓她自己得出這個結論。就這樣，杜賓成功讓刮鬍刀在這位以「改寫文化規則」為使命的投資人眼中，變得充滿魅力。❶

身而為人，我們天生就關心個人的故事。這可以回溯到篝火旁的生活，這種特質根本就存在我們的DNA中。當一部電影讓我們內心有所感觸，通常是因為對某個特定角色而不是整個電影裡的人物，產生了共鳴。或者，想像兩則新聞報導。第一則消息是，一架載有五十名乘客的飛機在安地斯山脈墜毀，飛機上的所有乘客據信全部生還。第二則消息是，一架飛機在安地斯山脈墜毀，機上載有一名乘客，該名乘客據信還活著。突然間，我們會想知道這個人是誰、來自哪裡、為什麼要前往安地斯山脈。

這就是為什麼記者報導一種趨勢時，會透過一個人的視角切入。《紐約時報》前評論版主編崔西．霍爾（Trish Hall）表示：「如果你不覺得事實可以改變世界，就不會踏入新聞界。」然而，霍爾也說：「單靠事實無法改變人們的想法。情感和感受同樣重要，甚至可能更重要。」❷

那場晚宴後不久，格林就成為一元刮鬍刀俱樂部（Dollar Shave Club, DSC）首輪投資的領投人，並加入了杜賓的董事會。四年後，該公司以十億美元的價格賣給聯合利華。

我們會對「一個人」產生共鳴

比爾．蓋茲曾經放了一段影片給他的女兒看，內容是一名患有小兒麻痺症的小女孩。片中的女孩拄著一副破舊的木製拐杖，舉步艱難地走在一條泥路上。看完影片後，女兒轉頭問他：「那你做了什麼？」❸蓋茲告訴女兒，他的基金會正在努力根除小兒麻痺症。他跟女兒分享了各種數據：他們撥出了數億美元、設定的目標，以及已經達到的指標，比如幫助奈及利亞每年的病例從七百例減少至不到三十例。蓋茲的女兒打斷他：「不，不，不。」她指著影片問：「你為**她**做了什麼？」

出色的講故事人不僅關注核心人物，還關注核心讀者。他們不會對著數百萬人講話，而是想像自己正在與某個特定的人分享這個故事。知名暢銷書作家提摩西．費里斯真的讓我理解了這一點。

在我們見面時，費里斯已經投資了數十家新創公司，包括臉書、Shopify 和推特。我以為他會是支持 Rise 的完美人選，但他不買單。我遭遇了又一次的「拒絕」。但在我們的談話中，他分享了一個故事，改變了我對「如何簡報一個點子」的思考方式。我當時並不知道，曾經連續五年位居《紐約時報》暢銷書榜單的《一週工作 4 小

時》，竟曾連續被二十六家出版商拒絕過。❹

費里斯告訴我，他第一次嘗試寫這本書的時候完全失敗了。他說：「我想為更多的人寫書。」結果，故事敘述顯得平淡無奇，而且缺乏人味。於是，費里斯改變了做法。他不再鎖定廣大的讀者群，而是決定為兩個特定的朋友而寫，其中一個是企業家，另一個在銀行工作。兩個人都覺得自己困在工作中。費里斯坐在筆記型電腦前，給他們寫了一封電子郵件，後來這封電子郵件成了書中的一章。

心裡鎖定特定的人來寫作，使故事的敘述變得更清晰，也更吸引人。重點是，雖然費里斯是為兩個朋友寫了這本書，但他收到最常見的回饋之一是「我覺得這本書就是為我而寫的」。❺

我正好在關鍵時刻學到這個教訓，得以幫助一名首次創業的創辦人準備他的提案。丹尼爾（Daniel）當時剛辭去 Uber 的工程師職務，馬上就接到大量的招聘電話，爭相要他加入。但他其實在等待其他的——投資人的回音。

丹尼爾有一個新點子——可以把它想像成千禧世代的基金投資公司富達。這個構想的目標是透過零手續費的投資，幫助人償還學貸。你先選擇自己的資產分配，這個服務就會透過該應用程式自動讓你知道，什麼時候該重新平衡資產組合。

我們約在舊金山內河碼頭附近一家咖啡店見面，那裡是創投圈熱門的提案地點。

我提前到達，傾聽著四周此起彼落的提案交談，彷彿一場交響樂。每一張桌子都有不同內容，但「區塊鏈」是最響亮的。當我陷入沉思時，丹尼爾拍了拍我的肩膀，我嚇了一跳。他精力充沛，笑容滿面，絲毫沒有電話裡流露出的沮喪。

他的模擬提案才講到五分鐘，我已經聽得一頭霧水了。他顯然對這個點子非常興奮。但我實在搞不懂。他拋出一大堆數字，開始鉅細靡遺地介紹產品細節，於是我問他是否可以暫停一下。他同意了，我就問他：「這項服務是為了誰打造的？」他的回答，是我日後一再聽到的：「千禧世代。」

我說：「從千禧世代中挑出一個人，是你非常熟悉，又真的會使用你的產品的人。這個人會因為你的點子改變人生。」

過了一會兒，丹尼爾選擇了他的前女友凱蒂（Katie）。

「太棒了。告訴我關於凱蒂的事。」

「呃，好的……」我聽得出他聲音裡透露著困惑。這樣聊怎麼能幫他把這個點子變成一門**生意**？我請他相信我。畢竟，我除了希望他的提案成功之外，沒有其他目的。

慢慢喝了一口價格昂貴的調味綠茶後，丹尼爾開始跟我談起凱蒂的事。她的父親是一名電工，母親是老師。他說：「真的是很樸實的一家人。」接著，重點就來了——丹尼爾創辦這家公司的核心原因。「凱蒂十五歲時，她父親的關節開始痛得很厲害，嚴重到再也無法搬重型設備、爬梯子，或是蹲到機器下面。他們家的收入因此減少了，但醫院帳單不斷攀升。」隨著丹尼爾深入講述凱蒂的故事，他的神情也改變了。他變得更真誠與熱情，他創辦這家公司的原因也變得清晰明瞭。

當丹尼爾在大學認識凱蒂時，她為了避免背上學貸，正在做一份全職工作，因為她親眼目睹債務對自己家庭造成的影響。儘管如此，她在畢業時還是欠了四萬多美元的貸款。在接下來的十年裡，凱蒂過著月光族的日子，還一邊當社工幫別人處理財務問題。在這段時間，她的債務幾乎翻了一倍。

好的故事，能讓你看見故事中的人物；但精采的故事，能讓你在故事中看見自己。當丹尼爾說話時，我回想起，自己和妻子站在芝加哥北岸區一台自動提款機前的情景。外面下著雪，我們想趕快領點現金離開。那時我們開始討論組建家庭的事，而我滿腦子全是錢的問題。當我查詢帳戶餘額時發現，只剩不到三千美元，但我們欠的學貸至少還有三萬美元。用「焦慮」來形容我當時的感受，算是太輕描淡寫了。因此凱蒂故事裡的每一個字，我都感同身受。

然後丹尼爾拋出一個令我驚訝的數據：「在美國，有超過五千萬人過著凱蒂的生活。」如果他第一個提案簡報的版本像《醜陋的公爵夫人》，這一次的版本就是《蒙娜麗莎》。

分鏡腳本是同理心的橋梁

新創點子往往一波又一波地出現：更好的床墊、更聰明的牙刷、適合兒童的社群平台。幾年前，「行李箱新創公司」似乎蔚為流行。

有一個投資人告訴我，她的公司在四個月內收到好幾個行李箱新創公司的提案。她的團隊對這個領域有些興趣，因為行李箱利潤很高，又很適合在網路上銷售。問題在於，所有這些提案幾乎都在說同一套話，台詞差不多就類似：「我們想顛覆一個數十億美元的龐大市場。」

但有一個提案在眾多競爭者中脫穎而出。這份提案聚焦在「客戶」，而不是「市場」。如同邁克爾・杜賓為一元刮鬍刀俱樂部所做的那樣，它透過充滿畫面的敘述，帶領大家走進一名典型客戶的故事：她早午餐吃了什麼（酪梨吐司）、養了什麼品種的狗（可愛，還是領養來的）、她的旅行清單上的下一個夢想目的地（冰島）。這家新創公司的共同創辦人珍・魯比奧（Jen Rubio）甚至開了一個 Instagram 帳戶，透過大量貼文來講述自己客戶的故事。

投資人告訴我：「整個構想遠比行李箱本身還宏大；重點不只是行李箱生意而

已。」她的公司是第一家對 Away 投資的機構，之後 Away 也成了市場上最熱門的行李箱品牌。

雖然 Away 的提案內容非常獨特，因此能脫穎而出，但其實它也遵循了值得相挺人士應用的一個明確模式。他們不會只是簡單描述一下客戶特徵，而是用充滿畫面的敘述帶領你走進客戶的真實體驗。我稱這種技巧為「分鏡腳本」，而且我親眼見證到，這個方法不僅對投資人有說服力，也同樣能打動新員工、合作夥伴和同事。邁克爾．杜賓告訴我，在為一元刮鬍刀俱樂部募集第一輪資金後，他並沒有停止使用「分鏡腳本」的做法。事實上，他繼續在所有行銷和廣告中塑造一個核心人物，而且這些廣告已經被觀看數千萬次。或許這也是為什麼分鏡腳本成為 Airbnb 故事中如此重要的一環。大約八年前，我曾造訪 Airbnb 在波特雷羅山的第一間主要辦公室，我看到牆上的插圖詳細記錄了 Airbnb 房東會遇到的**每一個**重要細節：

你可以和做過這件事的朋友聊聊，聽他們的經驗。

你決定嘗試，於是上傳自己住處的詳細資訊和照片。

你會收到感興趣的客人發來的詢問，並查看他們的個人資料。

你接到預訂，也收到款項。

重要的日子到來，你迎接客人並親自將鑰匙交給他們。
兩天住宿結束後，你返家檢查屋況。
你打開 Airbnb 應用程式給客人留下評論，並查看他們對你的評論。

Airbnb 分鏡腳本的靈感來自迪士尼。❻ 有次假期，Airbnb 執行長布萊恩·切斯基讀了華特·迪士尼的傳記，對其中一個橋段特別有感：迪士尼當年在製作第一部長篇電影《白雪公主》時，使用漫畫風格的分鏡草圖來和同事討論並達成共識。受到這個方法的啟發，切斯基從皮克斯聘請一名動畫師，幫他製作他的第一個分鏡腳本。❼

就像迪士尼做的那樣，分鏡腳本可以幫助公司看清，體驗中必須特別關注的關鍵時刻。對房東來說，這一刻就是他們收到款項、並迅速決定是否要再次上架房源的瞬間。對客人來說，就是他們踏進屋內的第一分鐘。透過將每個步驟視覺化，無論你是設計師、銷售人員或工程師，Airbnb 用每個人都能理解的方式，精準地找到要在哪裡改善體驗。

這就是分鏡腳本的作用，可以成為你的支持者和客戶之間的「同理心橋梁」，就像一支短片曾為比爾·蓋茲的女兒和一位素未謀面的奈及利亞女孩搭起橋梁一樣。它們幫助我們看見別人眼中的世界，並感受到對方的情緒。這在提案中特別重要，因為在大多數時候，你的支持者並不是你的客戶。創投業者支持的，可能是他們不會親自使用的應用程式。出版商支持他們可能不會讀的書。片場高層支持他們可能不會看的電影。在這些情況下，分鏡腳本有助於讓支持者設身處地，體會你希望服務的人有何感受。

學會這個技巧後，我在臥室的牆上貼了一排便利貼，以視覺化呈現典型 Rise 客戶的體驗。故事的開始是，一位家庭醫生告訴我的用戶，他必須減掉七公斤才能降低罹患糖尿病的風險。我的客戶回家後，在網路上搜尋各式各樣的飲食方式，最後決定採用一種改良版的生酮飲食。受到一些故事的激勵，他列了一份購物清單，然後去喬氏超市採買。在嚴格執行新的飲食方法頭幾週後，他感覺很好。但到了第四週，他會在忙碌一整天後又吃回原本的高碳水飲食。到了第六週，他就乾脆放棄了。

當我後來向投資人展示這份分鏡腳本時，他們馬上點頭如搗蒜，已經可以感同身受了。分鏡腳本可以在你的支持者和希望服務的對象之間建立同理心。一旦建立了這種同理心，你就能以更有力的方式談論數字。

但是請記住：故事講得再好，也不能取代提案中的事實和數字。大象和騎象人都很重要。這就是為什麼 Away 團隊要先向支持者介紹他們想像中的旅人，之後才能進一步說明：「千禧世代越來越傾向將可支配所得花在旅遊上。」邁克爾・杜賓也正因為先塑造了一元刮鬍刀俱樂部的核心人物，才能進一步指出：「光是在美國，就有數百萬名男性每個月都要經歷在實體店買刮鬍刀的尷尬過程。」同樣的，當創業家若胡・沃拉（Rahul Vohra）介紹自己那款快速成長的電子郵件服務「超級人類」（Superhuman）時，他以有畫面感的敘述帶著投資人進入一個用戶的收件匣，接著再擴大視角指出一個事實：「在整個勞動市場中，超過十億人每天要花三個小時閱讀和撰寫電子郵件。」連續創業家與First Round Capital創投公司合夥人比爾・全克德（Bill Trenchard）告訴我：「這打動了我。在還沒證明它行得通之前，我就已經因為情感共鳴而決定投資了。」

再次強調，數字非常重要，特別是當一個點子成熟的時候。但在一個新點子的早期階段，吸引人的其實是客戶的故事。拉斯・赫道斯頓（Russ Heddleston）是DocSend的執行長；DocSend提供用戶透過電子郵件安全發送文件的服務。透過該服務分享出去的投資簡報和條款清單，已經有數十萬份。這讓赫道斯頓萌生一個點子：如果他能找出哪種類型的簡報會成功、哪一種不會被看好，情況會怎麼樣？於是赫道斯頓與哈佛商學院合作，在獲得許可的情況下，分析了數千份新創公司的簡報，試圖了解篇幅長度、格式和圖像使用等特性如何影響投資的可能性。[8]

赫道斯頓是很擅長分析的人，他特別關注簡報中如何使用財務資料和數字。結果發現，大多數成功的簡報並不是一開始就強調數字或財務。事實上，大多數簡報甚至根本沒包含財務資料。相反的，他們是用一個故事來吸引投資人的興趣，好讓對方願意安排會面，然後在會談上才有機會分享更多的數字細節。這些發現讓赫道斯頓和創業社群中的大多數人感到驚訝。當他在 TechCrunch 上發表自己的研究結果時，這篇文章成為該網站當年分享次數最多的貼文之一。❾

牢記你服務的核心人物

一個鮮明有力的核心人物，不僅有助於架構起一份提案，對於規畫行銷活動、擬定募資策略、經營股東關係也很有幫助，甚至還能成為一則強有力的招聘訊息。

在酷朋工作讓我和莉娜擺脫了學貸的債務。在我加入酷朋的那一年，創辦人安德魯・梅森登上了《富比士》雜誌的封面。❿然而，當梅森面試我時，他完全沒有提到公司的爆炸性成長、龐大的市場規模，或是營收每個月都在翻倍的事。

梅森反而跟我談的是一名麵包師傅的事——他的店鋪距離這家新創公司總部只有幾個街區。梅森說：「他開麵包店，並不是因為熱愛行銷，也不是他喜歡研究如何開發客源。他開店，是因為他熱愛烘焙。我們這家公司存在的意義，就是幫他處理其他的事，這樣他就可以專注在自己最熱愛的事。」

在那場面試中，我們沒有坐在辦公桌前或會議室裡，而是在芝加哥市中心四處走動。梅森沿路為我介紹使用酷朋的當地餐館、商店和健身工作室的老闆。回到辦公室後，我注意到牆上沒有裝飾著勵志海報，而是充滿了當地店主、小商家的故事。這面牆的意義是：每天提醒員工，他們在公司服務的核心人物是誰。

我原本還在考慮其他工作選項，但在那一天，我決定搬到芝加哥為梅森工作。不是因為數字或邏輯，而是他在面試時向我介紹的核心人物。我知道那是自己想要幫助與服務的人。

但隨著時間一久，我們越來越難將注意力維持在核心人物上。公司從一百名員工發展到一萬多名員工，從小型新創公司一路走到上市，我們的重心也從服務在地商家，轉向追求每一季的財務表現。在我看來，我們對那些辛苦經營的小商家逐漸失去高度的同理心，反而為了獲利而壓縮利潤空間，犧牲掉我們最初想服務的人。結果，我們失去核心人物的信任，也賠上公司一半的市值。就這樣，我眼見公司士氣低落、投資人信心瓦解、最優秀的人才接連離職，梅森也與一手創立的公司分道揚鑣。

核心人物的力量如此強大，甚至足以建構和瓦解整個企業文化。二〇一七年，有一段影片曝光，可看到 Uber 當時的執行長崔維斯・卡蘭尼克（Travis Kalanick）對一名穿著得體的男子大吼大叫。[11] 這個人可不是普通人，他是一名 Uber 司機。影片曝光後不久，卡蘭尼克驚呆了，並低頭認錯。如果卡蘭尼克是對其他人大吼大叫，這件事的殺傷力也許不會這麼大。但「司機」是 Uber 的核心人物。公司一直灌輸員工的是，他們的工作使命就是讓司機的生活更有效率、更賺錢、更快樂。然而，那個曾經高舉著這個宣言的人，現在卻在鏡頭中大聲斥責他們的核心人物，怒吼著說有些人「不為自己的爛攤子負責」，而且「把人生中的所有問題都怪在別人身上」。[12] 在接下來的幾個月裡，頂尖人才紛紛離開公司，Lyft（當時 Uber 最大的競爭對手）從投資人那裡獲得大量資金挹注，卡蘭尼克最終被迫辭職。

如果回顧我最初為 Rise 做的簡報提案，就會看到我一開場就強調：「飲食控制是一個價值三百億美元的產業，每年都在成長，已經到了該顛覆的時候了。」可是隨著和投資人打交道的時間越多，我就越遠離自己的核心人物，也就是最初啟發我成立 Rise 的人。

我仍然記得父親送我去上中學的那一天。我和他約好下午三點來接我回家的地點。放學後，我在那裡等了好幾個小時，眼看著密西根州的天空在初秋時分逐漸變得黑暗。當姑姑趕到停車場來接我時，我的父親已經躺在手術台上了。原來，那天早上他去看醫生，做了心臟壓力測試後，人就暈倒了。

在做完心臟手術八天後，我父親以另一個面貌出院了。他才四十多歲，但有時候看起來像八十幾歲。走出醫院時，我們拿著一張標題為「行為矯正」的紙張，上面列出了建議食物，從「青花菜」和「球芽甘藍」開始。但我們是印度家庭，吃的是印度料理，青花菜和球芽甘藍根本不在我們的菜單裡。於是，一場長達數年的奮戰就此展開，看著我父親嘗試一種又一種的飲食法，但始終沒有一種真正有效。過程中，醫生一再警告，如果找不到一種能長期維持的飲食方法，他很快就會再進手術室。

那些值得相挺的人採取的做法，幫我在提案簡報過程中清楚呈現出那位核心人物。我開始帶著投資人走入我父親的故事——從他被緊急送進手術室的那天，到幾個月反覆失敗的飲食控制嘗試，再到我們終於遇到一位幫他扭轉健康狀態的營養師。然後，等我講完這段分鏡腳本後，才分享一些數據。雖然這段時期對我們一家來說非常焦慮不安，但我們絕不是唯一例子。每年有數十萬名患者接受心臟手術，也帶著類似的行為矯正計畫離開醫院。結果，每五人中就有一人會在術後六十五天內再次住院。

接著，我請投資人以更總體的角度來看，每年有四千五百萬名美國人在積極進行飲食控制。平均來說，每個飲食控制者每年會嘗試四次，並以失敗告終，這種屢試屢敗的循環，導致數百萬人陷入挫敗、憂鬱，甚至心臟衰竭，也形成了一個規模高達七百億美元的產業。

這是一個吸引人注意的提案：從一個人開始，也就是我的父親，然後帶出有多少人與他承受同樣的煎熬。成功募資的一年後，我在一場雞尾酒會上遇到一位主要投資人。她正在與諾德斯特龍百貨公司一位高階主管交談。也許是為了讓談話增添一些火花，諾德斯特龍高階主管問我的投資人，是什麼原因促使她投資Rise。我的投資人停頓了一下，然後說：「他父親的故事真的打動我了。」

步驟 3

用心找到的獨到祕密

幾年前，我去一家發展快速的科技新創公司應徵工作，當時這家公司剛剛開始製造活動追蹤器，並與 Fitbit 公司競爭市場。我的面試主管是執行長，為了準備，我事先在網路上搜尋相關資訊。我閱讀文章，觀看影片，並將想法寫在文件中。但就在面試的前一天，我忽然想到，自己準備分享的一切資訊，執行長想必早就知道了。

所以我決定另闢蹊徑。我上了 UserTesting.com 網站，這個網站讓你可以雇用真人來測試產品，並提供回饋意見。我填寫了一份表格，請人們試用一下這家新創公司的網站。幾個小時內，我收到三支獨立的回饋影片。在仔細查看影片的過程中，我注意到一個模式，雖然每個測試人員都對這款活動追蹤器的功能感到興奮，但他們似乎都搞不清楚要如何將這個裝置加入購物車中。購買該產品的流程讓人一頭霧水。

第二天早上，我去接受面試時，不僅帶著我做的那些基本功課，還帶著谷歌搜尋引擎也找不到的全新見解。面試大概進行到一半時，我向執行長提起網站導覽的問題。他聽了，一開始似乎不太理會這個建議。畢竟，他有一整個團隊在負責網站的設計與維護。所以我問，是否可以給他看看我手機上的影片。他點了點頭，我尷尬地繞著長長的會議桌走過去。

然後我播放第一支短片。這位客戶的聲音中帶著困惑：「我不太確定從這裡要如何進入結帳頁面。」在第二支短片中，客戶似乎更惱火了，她重重嘆了一口氣說：「我是不是得重新載入網站，再從頭開始操作一遍？」當我們看到最後一支短片時，執行長不再盯著我的手機螢幕，而是盯著我。

他問：「你從哪裡得到這些影片的？」我轉向他，解釋說這些都是我自己蒐集的。他停頓了片刻，然後說：「我面試過上百個人，從來沒有人準備過這樣的東西。」

事實上，「這樣的東西」並沒有花費太多額外的心力，總共才花了我大約五十美元和一個小時的時間。我得到的見解不一定驚天動地，卻展現出我花了一些心思去發掘沒人注意到的事。面試幾個小時後，我看著一份待遇優渥的工作邀請，以及執行長寫的親切訊息，感覺自己好像終於破解了求職面試的密碼。我回想起過去搞砸的無數次面試，以及一個簡單的舉動如何改變整個局勢。我的心得就是：不要只做基本的資料調查，而是找到一個自己獨到的見解。

我最後沒有接受這份工作，而是創辦了自己的公司，但這個心得一直銘記在心。直到多年以後，我才聽到安德里森·霍洛維茲創投公司的共同創辦人班·霍洛維茲

（Ben Horowitz）以比我更清晰的方式闡述了這個概念。他在與一群實習生討論時，有人提出了一個問題：「身為企業家，你是如何得到點子的？」

霍洛維茲回應說，厲害的點子通常來自一個「用心找到的祕密」，是透過實際走出去，並「了解一些鮮為人知的事」而發現的。他以自己將近十年前支持的公司Airbnb為例來說明。

霍洛維茲說，其實Airbnb最初的構想聽起來不怎麼好。他打趣地說：「給氣墊床打打氣、放進你家，然後租出去——這聽起來是不是哪裡怪怪的？」❶然而，真正讓霍洛維茲印象深刻的是，兩位創辦人得出這個點子的過程。

這不是來自網路資料的蒐集研究，而是從親身經驗中意外得到的見解。布萊恩．切斯基和喬．傑比亞（Joe Gebbia）兩人當時剛從羅德島設計學院畢業，搬到舊金山時還沒找到工作。當房東漲房租時，他們急需想辦法籌到一些現金。就在這時，他們聽說當地即將舉辦美國工業設計社群大會，全市的飯店都客滿。於是他們買了幾張氣墊床，開價八十美元，讓人直接來家裡打地鋪過夜。結果，這個點子竟然成功了，真的有人願意花錢睡在氣墊床上，而且當切斯基公開宣傳這個住宿提案時，還有將近五百人回應。❷當切斯基向投資人介紹這個點子時，講的並不是打高空的市場分析，而是分享一個不為人知的見解，這個見解激發他的點子，並促使他進一步深入探究。

一個構想**如何**誕生，其實與這個構想本身一樣重要，而且有意義。我永遠不會忘記詹姆斯．卡麥隆第一次向彼得．錢寧介紹《鐵達尼號》的故事——它當時是影史上耗資最大的電影。錢寧告訴我，如果這部電影票房失利，他在二十世紀福斯公司董事長兼執行長的職位就不保。在提案過程中，錢寧印象最深刻的，就是卡麥隆對這個主題的深入研究。他們有一半以上的時間，甚至沒討論到這部電影，而是在聊這艘船，以及它沉沒的那個晚上。錢寧後來告訴我，卡麥隆對這個事件的了解程度「簡直非比尋常」。他能清晰描繪出整艘船的完整示意圖，並還原出災難發生的每個時間點與細節。這些見解也引導卡麥隆發展出「貧富不均」這個主題。在片中，他塑造的「羅密歐與茱麗葉」來自截然不同的經濟階層，因此被分配到船上的不同區域，這個區隔也讓他們的生存機會大不相同。錢寧告訴我：「這是我參加過最難忘的一場提案。」

回頭看我在準備與活動追蹤器公司執行長面試前，親自蒐集的使用者測試資料，那時候的我有點像潛入水中親自檢查鐵達尼號的卡麥隆，也猶如出租自家客廳地板上床墊的切斯基。從這時起，我學到了要用心找到一個自己獨到的祕密，其實有一些具體可行的方法。

尋找谷歌搜尋不到的事

當蘇西耶．凡卡德希來到芝加哥大學經濟學教授史帝文．李維特的辦公室報到，開始他的博士研究時，他還是一個「頭髮垂到屁股」的死之華樂隊粉絲。❸他告訴李維特，他對研究幫派經濟學很感興趣。對於大多數的研究生來說，這種研究包括分發問卷、辦幾場焦點團體訪談，以及將調查結果整理成電子表格。但沒有人料想到凡卡德希接下來的做法：他實際潛伏在芝加哥最凶狠的一支幫派——黑王幫（Black Kings）裡將近七年。❹

多年後，當我和凡卡德希在西北大學喝咖啡時，他分享了自己的一些經歷，包括參加幫派的領導層會議、車窗遭人開槍擊破，以及他住在貧民區時才能窺見的隱形地下經濟。透過親自研究，凡卡德希發現，對大多數的幫派成員來說，在街頭飯賣毒品的報酬比在麥當勞工作更低。

我們見面的時候，凡卡德希已經在學術界開始嶄露頭角了。他在全美各地演講，場場座無虛席，暢銷書《橘子蘋果經濟學》也收錄了他的研究成果，大篇幅地介紹。但他的故事之所以引人注目，不僅僅是他發現了什麼，而是**他如何發現的方式**。凡卡德希透過極其深入（甚至危險）的方式親身融入研究對象中，他挑戰了學術界對於「如何做研究」的既定看法。只是坐在桌子後面研究資料，感覺已經不夠好了。

多年後，我在比佛利山莊的想像娛樂（Imagine Entertainmen）製片公司等待與電影及電視節目製作人布萊恩·葛瑟見面。他的作品包括《阿波羅13號》、《美麗境界》和《發展受阻》等。葛瑟的電影和電視節目當時一共獲得了四十多座奧斯卡獎和一百九十座艾美獎。我在等候區，周圍的人看起來都在準備向葛瑟提案自己了不起的新點子。

我來這裡是出於另一個目的——弄清楚一個點子要具備什麼條件，才能讓備受推崇的好萊塢製片人願意相挺。當我被帶到一間灑滿陽光的會議室時，我心想：「如果我今天要向布萊恩·葛瑟提案，要怎麼做才能抓住他的注意力，並讓他感到興奮？」

於是我向他提出這個問題：「外面有一屋子的人等著進來向你提案。你覺得最能幫助他們成功的建議是什麼？」葛瑟停頓了一會兒，然後說：「給我一些谷歌搜尋不到的點子。我想要的是一個建立在意想不到見解上的點子，不是隨便在谷歌上查一查就能找到的東西。」

葛瑟察覺到我可能需要一個例子才能理解，於是瞬間進入了提案狀態，親自示範。「你知道在喬治亞州的亞特蘭大，有一所高中出了好幾位饒舌歌手嗎？安德烈

3000、博爺就是出自這所高中……你知道這件事嗎？」我不知道，葛瑟立刻引起了我的注意。我想知道更多。

布萊恩．葛瑟和班．霍洛維茲雖然身處不同產業、關注不同類型的點子，但說到底，他們尋找的其實是一樣的東西：他們正在找一個像蘇西耶．凡卡德希的人——深入探索，挖掘出谷歌都查不到的事。這個人親自走進故事現場，發現大多數人都不知道的內情。

再次強調，一個點子的誕生方式，和這個點子本身一樣令人難忘、同樣重要。羅根．格林（Logan Green）在辛巴威旅行期間注意到，當地由於缺乏公共運輸服務，多數人也買不起汽車，因此建立了一套共乘小巴的網絡，稱為「Kombis」，用來解決日常交通問題。格林非常喜愛這個系統，回到加州後，決定親自在自己的社區推行類似的服務，因為當地的道路變得越來越壅塞。他根據辛巴威的英文將這項服務命名為「Zimride」，還成為該公司最早的一名司機。當我詢問創投家安．三浦子（Ann Miura-Ko）是什麼因素讓她對Zimride感興趣時，她告訴我，格林「不是在表面試探，而是整個人投入了這個點子」。三浦子很欣賞格林親自開車在洛杉磯地區接送乘客，並在每一次載客過程中蒐集第一手回饋意見。❺她後來成為Zimride的第一位投資人，

Zimride 最後更名為 Lyft。

同樣的，我記得有一位拍電影的朋友打電話給我，語氣非常興奮，因為他正在幫一部新紀錄片從無到有地籌備製作。這部片的主題是：威斯康辛州在二〇一六年大選中，如何從支持民主黨轉為支持共和黨。我知道他先前看過其他類似主題的點子，於是問他這部片的構想有何突出之處。他說：「他們為了搞清楚究竟發生什麼事，真的從加州搬到威斯康辛州。」

總之，當你要分享引導你產生點子的見解時，先問問自己：**谷歌搜尋得到這個構想嗎？**如果能搜尋到，那就更深入地研究。安排與專家訪談、實地走訪一趟、加入與這個點子相關的非營利組織。如果你對加密貨幣感興趣，不要只是看報告，而是去開個帳戶，開始參與交易。如果你對自動駕駛汽車感興趣，不要只是訂閱產業通訊，而是去參觀工廠，親自駕駛看看。

跳脫谷歌搜尋。這就是祕密所在。

用努力讓人著迷

一旦你跳脫谷歌搜尋，請你一定要讓提案展現出自己的努力。不要只是分享你的構想，還要讓對方看到你背後的努力，也就是那些你親自參與、實地做過的事。這聽起來也許理所當然，但其實很多人經常忽略這一點。

先前有人介紹我認識一名汽車業的主管，他正準備向高層再次提案，但第一次遭到否決已經在他的心裡留下陰影。他在電話裡告訴我：「我在講解投影片內容時結結巴巴的，但我平常不會。」我建議他在一位能讓自己放鬆的人面前練習。他回覆我：「我一直在妻子面前練習。但只會越練越糟。」

我們約在底特律郊區一家安靜的咖啡店碰面。他在講解簡報時，我發現，這是自己見過最詳盡的簡報之一。他徹底拆解了公司生產的一項汽車零件的供應鏈，並有條不紊地說明了這個過程中的瓶頸，這些問題也導致公司每年虧損數千萬美元。看起來應該是一份十拿九穩的簡報，但他顯得猶豫不安、缺乏信心。我想了解為什麼。我問：「你剛才提到你是從現場蒐集數據。你是如何找到的？」他緊張地翻到第八張投影片，準備給我看一個財務模型，但我請他暫時離開鍵盤一下。「你是**如何**蒐集到這些數據的？」他對我的問題感到困惑，然後回答說：「我不確定你的意思。我就是去了工廠，觀察了流程，並計算了數字。」

我問：「好，你可以多說一些你去工廠的經過嗎？」原來，他幾乎每天都會去生產線，而且大多是在清晨上班前或下班後，用自己的時間過去的。他會和工廠第一線作業員聚在一起，討論流程、畫圖規畫出更有效率的做法。幾個月下來，他不但記得每一位線上作業員的名字，還與其中一位主管熟識到受邀去參加他兒子的生日派對。講述這些經過時，他的結巴完全消失了。他自信地談著觀察到的一切，也對那些可能因為這套新流程而受益的人流露出真摯的同理心。

他原先的提案，也就是被否決的那一次，列出了所有的數據資料，卻完全省略了他親自跑現場的那些努力，包括怎麼離開辦公桌、跳脫谷歌搜尋、利用自己時間主動深入了解的過程。他在工廠裡花的那些時間，本來是整份提案中最該放在重點的小標題，結果卻只被當成一筆帶過的註腳。對於在場聽簡報的人來說，他的點子似乎只是打了幾通電話、計算了幾個數字就得出來的。

我們在咖啡店接下來的時間都花在重新調整他的簡報。我們沒有更改任何一張投影片，只是改變了他用來描述建議方案的敘述內容。舉例來說，當他展示了某個站點的瓶頸資料時，我們添加了一段他造訪工廠期間親自觀察到這個瓶頸的描述：「麗莎已經在這條生產線上工作了八年，在我們一起檢查輸送帶的時候，她向我指出了這個問題。」

他的重要簡報在隔週一早上發表。那天晚上，他轉寄給我一封來自團隊高階主管的電子郵件，信中批准了他的提案。這封信最後還寫著：「順便說一句，你的簡報太精采了。我之後也有一場簡報，不知道能否請你幫忙看看、給點建議？」

一個來自親身經驗的點子，比起僅僅坐在辦公桌前想出來的同樣構想，更容易讓人願意相挺。但關鍵在於，**你必須讓這份努力在提案中自然流露出來，不要流於自吹自擂，但也不能讓它默默無聲**。

喬納森・卡普（Jonathan Karp）是出版商西蒙與舒斯特（Simon & Schuster）的執行長。卡普在出版業，一路從編輯助理做到總編輯，期間曾與藍領搖滾教父布魯斯・斯普林斯汀、《教父》作者馬里奧・普佐等知名人士合作過。但有一個人，他苦追了將近十二年卻始終未能成功，他就是美國廣播電視名人霍華德・史登。

卡普告訴我，他是聽著《霍華德・史登秀》節目長大的，並認為這位電台主持人的個人成長歷程是一個值得說的好故事。但史登已經出版過兩本暢銷書了，不覺得再多寫一本書有什麼意義。而且他是非常講究細節的完美主義者，因此寫書的過程對他來說簡直是「折磨」，他也不想承受新書必須和前兩本書一樣成功的壓力。❻ 再說，他本來就有一份全職工作，實在不願意把時間與精力耗在寫一本新書上。在這十二年裡，卡普使出渾身解數希望史登改變主意。他寫信、送書，並與史登的經紀人唐・布赫瓦爾德（Don Buchwald）吃飯，但全都無效。他告訴我：「史登變成我難以放下的白鯨。」

因此，在被拒絕十年之後，卡普改變了策略。他對這本書的構想，其實就是把史登和眾多知名來賓過往的訪談逐字稿彙整成冊。這表示，大部分的內容其實早就有了。但卡普並沒有直接拿這個理由去說服史登，而是決定捲起袖子，親自做給他看。

卡普與新聘用的編輯肖恩・曼寧（Sean Manning）一起仔細翻閱了史登數百場訪談的逐字稿，總計超過一百萬字，從中挑出最值得收錄進書裡的片段。對於一家大型出版社的負責人來說，親力親為參與這樣的工作是極不尋常的，但是卡普並沒有就此停手。

他將編輯過的逐字稿製作成一本精美的布面精裝書，搭配精美的書封設計、高解析度的圖片，以及條理分明的目錄。然後，卡普不是再去說服史登寫書，而是直接把這本成品寄給他。卡普隨書還附上一張紙條，上面寫著：「這本書的出版過程會很輕鬆。你不必再做任何事了。」史登唯一要做的，只是添加一些個人感想，這本書就算大功告成了。

對史登來說，這本書後來還是變成一件需要投入心力的工作。可是在他看到書的完成樣貌時，最終還是被打動了，願意完全接手並親自執筆完成這個專案。他後來形容卡普的做事方式實在令人著迷。「在出版史上肯定沒有人會花這麼大的工夫，只為了讓一個人寫一本書。」❼但這種努力是值得的。《霍華德．史登再次回歸》（*Howard Stern Comes Again*）一出版就躍居《紐約時報》暢銷書排行榜冠軍。

你也許會和我一樣納悶：既然點子本身沒有變，為什麼背後的努力會帶來如此大的差別。畢竟，那位汽車業主管對高層的建議並沒有改變。卡普對這本書的構想也始終如一。但透過超越期待的努力，他們展現了奉獻精神和動力。他們也因此能說出一個更打動人的故事，裡面有人物、有畫面。當人們看到你全然投入一個構想時，他們也會更難說「不」。請記住，讓班．霍洛維茲對 Airbnb 感興趣的一個關鍵是，布萊恩．切斯基親自投入到他想解決的問題。蘇西耶．凡卡德希讓《橘子蘋果經濟學》兩位作者著迷的一個關鍵是，他親自體驗了自己的研究。就像卡普一樣，他們超越了谷歌的搜尋，然後將這份努力融入了自己的故事中。我們**如何**誕生一個點子，與點子本身一樣重要。

我是直到某年八月下旬的一個下午才完全領會這一點。當時我在帕羅奧圖的一間會議室裡，向一位投資人簡報 Rise。雖然之前的幾位投資人都是「直接拒絕」，但我這次還是抱著樂觀的心情走進去，因為這位投資人對醫療保健有濃厚的興趣。然而，才開始沒幾分鐘，我就察覺到「無感投資人」釋放出的所有訊號。他什麼問題都沒問，只是機械式地頻頻點頭。每次我問他是否有問題時，他都只是簡短回一句：「沒有，我沒問題。」

當他在我簡報到一半拿起手機開始打字時，我就知道自己沒戲唱了。我本來想提早結束，但這樣顯得很不禮貌。況且，我需要練習。正當我轉到下一張投影片時，他的助理探頭進來，說了一些類似「你下午四點約的人提早來了」的話。我不禁懷疑，他早些時候拿起手機時，會不會其實是發簡訊給她說：「拜託，快把我救出去。」

當這位助理離開會議室時，他收起手機和從頭到尾沒打開過的筆記本，準備起身離開座位。他說：「嘿，很不好意思，公司正在敲定一筆生意，我得先離開了。」當他朝門口走去時，最後瞥了一眼螢幕上的投影片。投影片的標題是「試點計畫」，投影片上的資料顯示了參與我們初步測試的客戶分析。也許是他對提前離開覺得有些抱歉，所以他決定問最後一個問題：「你們的試點計畫是怎麼找到這些客戶的？」

這不是我喜歡被問到的問題，因為答案沒有什麼了不起。但這位投資人反正已經擺明「拒絕」了，我甚至不確定他是否在聽，所以就脫口而出：「我站在慧儷輕體會議中心外面找到的。」

他驚訝地從手機上抬起頭來。

「什麼？」他說話的方式讓我立刻後悔分享這件事。但是話已經說出口了，只能繼續講下去：「我……站在慧儷輕體會議中心外面。與會的人陸續到場時，我就上前詢問能不能為他們簡單示範一下產品。就這樣找到了第一批客戶。」

他問：「你站在慧儷輕體會議中心外面找到你的第一批客戶？」我點了點頭。

這下我真的很後悔給出一個不怎麼了不起的答案。他顯然被我的「業餘行徑」嚇了一跳。我腦中甚至浮現一個畫面：那天晚些時候，他和一群酒友（可能也是投資人）在酒吧小酌時講起這件事，捧腹大笑到說不出話來。我當時在那裡努力把自己塑造成一個走在時代尖端、充滿創新精神的執行長，結果在他眼裡，我看起來像是在街角揮舞著大紙板招牌、宣傳半價火雞潛艇堡的人。

我感到很挫敗，開始闔上筆記型電腦，收拾東西。他說：「等一下，你還有幾分鐘的時間嗎？」

他的問題讓我很困惑。我回答：「當然。」

他回到座位，而且這是我們整場會議裡，他第一次把手機放進口袋，而不是放在桌子上。他問：「你能從頭再講一次那個試點計畫嗎？」於是我照做了。只是這一次我沒有草草帶過我們**如何**找到那些試點客戶，而是把我那套臨陣磨槍的找客戶策略講得鉅細靡遺：我站在不同的慧儷輕體門市前面，在客戶走進門之前，向他們介紹一下產品。我還說了有家慧儷輕體中心怎麼趕走我，以及我曾經誤攔了一個不是慧儷輕體客戶的人……整場提案中，這名投資人一直沒有露出笑容。現在他卻大笑了起來。

就在這個時候，他的助理再次探頭進來。她顯然被笑聲，以及這位投資人竟然還在和我談話的狀況弄糊塗了。投資人轉頭對她說：「我還需要一點時間。」幾天後，他提出了投資意願。

步驟 4

讓人覺得這是「勢在必行」的選擇

亞當．洛瑞（Adam Lowry）和事業夥伴艾瑞克．萊恩（Eric Ryan）背負了三十萬美元信用卡債務，但他們的新創公司銀行帳戶裡只剩十六美元。在他們還清欠款之前，供應商拒絕再提供任何產品。他們迫切需要有人投資這家講究設計的肥皂新創公司，但當時經濟景氣低迷，消費性產品本來也不是太吃香，而且這兩位創辦人在這個領域毫無資歷可言。洛瑞最近的一段職業經歷是參加奧運帆船隊的選拔，但也沒有入選。所有這一切，使他們的募資提案幾乎不可能成功。

因此，當洛瑞跟我說，他在第一次募資簡報會上沒有帶提案資料時，我覺得很奇怪。他給自己第一位投資人的資料，反而是一本趨勢報告書。

這本趨勢報告書裡還夾著從家居用品商 Restoration Hardware（RH）、Williams-Sonoma（威廉所諾馬）和 Waterworks 等品牌剪下的照片。自從經濟衰退以來，這些品牌出乎意料地成為勝出者。隨著經濟泡沫的破滅，人們開始回歸家居生活。為了布置自己的居住空間，以前從百貨公司購買家具的人，現在要找的是一批新的高檔家居用品專賣店。這種消費趨勢非常明顯，還催生了專攻家居生活的新媒體出版物，包括《Wallpaper》、《Dwell》和《Real Simple》等雜誌。

典型的提案強調的是：一個構想是新的。洛瑞的提案傳達的重點卻是：他的構想**勢在必行**。人們已經主動選擇打造自家客廳和臥室的風格了，這股潮流遲早也會延伸到浴室和廚房。為了走在時代風氣之前，洛瑞設計了一款清潔產品，讓你在客人來訪時也會自豪地擺放在廚房檯面上。洛瑞設計的肥皂有鮮豔的糖果色，散發出黃瓜、柑橘和柚子的香氣。它們被包裝在透明又酷炫的瓶子裡，這是出自頂尖的工業設計師卡林・拉席德（Karim Rashid）的構思。

洛瑞向投資人傳達的訊息很簡單：市場已經朝著這個方向發展。加入我，一起乘風破浪。這招奏效了；洛瑞從一群有聲望的投資人那裡募得資金，他們相信一個名為「美則」（Method）的肥皂品牌的成功勢在必行。

像「沙發上的人類學家」一樣觀察世界

提娜．夏基（Tina Sharkey）過去二十五年來一直在創造和銷售值得相挺的創意。在職業生涯早期，她創立了消費品牌 iVillage，這個品牌引起一群高階主管的注意，他們招聘她來成立芝麻街工作室（Sesame Workshop）的數位部門。她後來在美國線上工作，並主管 BabyCenter 團隊。當我問夏基如何在職業生涯中成功地扮演如此多的角色時，她指出最重要的一個角色，也就是她所說的「文化人類學家」。

夏基說，這個角色會從一個問題開始：「世界發生了什麼**轉變**，讓你的點子變得重要？」她不急著描述自己的解決方案，而是會先戴上「人類學家的帽子」，釐清當前世界是如何在轉變。接著，她才將自己的點子放進這個更大的轉變中來看。

起初，我覺得這似乎有點本末倒置。如果我的目標是推銷一個具體的構想，那為什麼要浪費投資人的時間談這樣的宏觀視角？但是在不同產業、大小規模不一的公司裡，採訪那些值得相挺的人時，我意識到他們全都扮演了「人類學家」的角色，而且都會先讓投資人看到世界正朝哪個方向發展。為了將 BabyCenter 從網路服務擴展成一個強大的行動產品，夏基首先指出，即使廣告預算還沒轉向行動平台，但媽媽們已經先轉變了。為了推銷美則，洛瑞指出了人們如何開始為家中每個角落打造風格，即使是那些看不見的地方。為了推銷 Airbnb，創辦人說明了「與陌生人共享你的家」這個概念如何從令人毛骨悚然，轉變為大眾已經普遍接受。Airbnb 最初提案的第四張投影片是：

- couchsurfing.com 上有六十三萬筆住宿房源。
- Craigslist 上的舊金山與紐約兩地共有一萬七千筆臨時住宿房源。❶

值得相挺的人似乎總是像人類學家一樣，觀察趨勢和變化。對於珍妮佛．海曼（Jennifer Hyman）來說，她的人類學家式的發現是來自妹妹秀了一件剛買的新洋裝。洋裝的標價是兩千美元。海曼知道妹妹負擔不起這種花費，而且這種消費早已讓她背上卡債了。於是問她為什麼不直接穿另一件洋裝去參加朋友的婚禮。❷照理說，她的衣櫃裡總有一件別人沒見過的洋裝，對吧？錯。海曼的妹妹在社群媒體上非常活躍，這表示，參加婚禮的任何人只要在臉書上關注她，就會知道她穿了同一件洋裝兩次。為了避免這種情況，她寧願刷爆自己的信用卡。

就在這時候，海曼意識到一個正在發生的轉變——社群媒體的壓力越來越大，使許多人的服裝預算膨脹，甚至到不健康的程度。帶著這樣的人類學家式見解，海曼換上了創造者的角色，開始尋找解決方案。她想出一個服務點子：讓女性能依各種特殊場合需求租借洋裝，就像是高級服飾界的網飛一樣。❸她把這項服務命名為「Rent the Runway」。當海曼向觀眾和投資人介紹自己的創新時，她沒有直接切入解決方案，而是從這場轉變開始談起。

如果她直接切入解決方案——提供租借洋裝的服務，讓買不起衣服的人也能穿，那麼投資人可能會納悶：「設計師服飾一向都很昂貴，為什麼非得現在做？」但海曼選擇帶著投資人經歷她從妹妹身上第一次注意到的轉變。那些時尚前衛人士以前是每週在社群媒體上發一則貼文，現在是每天都在發文。而且他們不想在社群媒體的動態消息上重複穿同樣的衣服。考慮到這種轉變，出租衣服似乎不僅僅是一個好點子，而是看來勢在必行。投資人看好這門生意，投入了數百萬美元的資金支持，如今，Rent the Runway 已經擴展到日常服裝、配件，甚至家居用品，以及任何可能出現在 Instagram 動態上的東西。

剛開始向投資人介紹 Rise 時，我會跳過「趨勢轉變」這部分，直接切入解決方案。我會立即介紹想打造的應用程式、組建的團隊，以及成功所需的完整藍圖。但由於我漏掉關鍵的一步，讓投資人總是會納悶：這個世界為什麼現在需要這項服務？

這不是我第一次犯這種錯。二〇〇七年，也就是 iPhone 推出的那一年，我還在索尼影業電視公司工作。儘管 iPhone 當時還剛起步，但我認為製片廠應該開始投入大量資源，製作適合在手機小螢幕上播放的內容。但是當我向高層提案時，跳過了趨勢轉變，直接切入解決方案。我的簡報投影片包括一些簡短劇情的範例、這些內容在 iPhone 上的版型畫面，以及整個專案的財務預估。但我從未說出 iPhone 勢必會改變一切，或者整個產業必然會轉向行動內容。結果，高層忽略了更宏觀的背景脈絡，而我的方案看起來很像是一個業餘的專案。當談到財務預估時，有位高階主管還喊道：「這點利潤連今天的午餐都付不起！」如果我當時先提出總體趨勢，也許他會有不同的感受。唱片公司當年忽視 iPod 而陷入危機，因此我們不想在 iPhone 上犯同樣的錯誤。但由於沒能有力地說明當時已經發生的變化、未來勢必發生的趨勢，我提出的解決方案就顯得沒有必要性。

我當初犯的錯誤，就是忘記戴上人類學家的帽子，反觀亞當．洛瑞，他就始終沒有摘下這頂帽子。出售美則之後，他察覺到另一種生活風格的轉變：越來越多人開始奉行「彈性素食」的飲食方式，也就是作家麥可．波倫所說的「吃食物、別吃太多、以植物為主」。洛瑞就像當初看準了「家居風格設計」這股趨勢必定會從客廳延展到廚房櫥櫃一樣，這次他也順著植物性飲食的趨勢，延伸到植物奶的市場。

當洛瑞向投資人介紹新點子時，他延續了當初推動美則時使用的策略，從趨勢的轉變開始談起。他解釋說，以前只有乳糖不耐症的客戶才會購買乳製品的替代品，但如今有超過八五％的非乳製品客戶本身沒有乳糖不耐症。❹他說：「他們是因為想買才買，而不是非買不可，而且他們也不打算在風味或營養上做出妥協。」

就像當年推銷美則一樣，洛瑞向投資人解釋了整體的趨勢，然後才向他們介紹瑞波（Ripple）公司推出的植物奶新品，其蛋白質含量與一般牛奶相當。瑞波隨後募得了將近一億美元的資金，目前在全美的全食超市和目標百貨等零售通路都有販售。

化解「押錯寶」的恐懼

丹尼爾．康納曼由於幫助世界了解人是如何做出決定，因而獲得諾貝爾獎。康納曼的理論中有一個核心基石，是科學家所說的「損失規避」——也就是說，在心理上，失去帶來的痛苦，會比得到的快樂強烈兩倍。康納曼指出，大多數人會「拒絕一

場可能損失二十美元的賭局，除非賭贏就能得到四十美元以上的報酬」。❺

損失規避心理可以幫助我們更了解同事、朋友，甚至是自己。它能讓我們理解，為什麼一個從未出過車禍的駕駛，仍會額外付錢給Avis購買碰撞保險費。它也有助於我們明白，為什麼有人會緊抱著一路下跌的股票，只為了不讓帳面上的損失變成真正的虧損。

這也可以解釋為什麼投資人不願意投資任何感覺不保險的事業。即使是專門尋找高風險機會的創投人士，面對絕大多數的新點子仍會選擇拒絕。連Instagram、臉書和亞馬遜之前都曾經被多位投資人拒絕過。一位備受敬重的創投家曾經告訴我：「如果我對聽到的每個點子一律說不，那我大概有九九%的機率是對的。」

如果押錯寶的恐懼，遠比押對寶的快樂強烈兩倍，那麼我們就不能用「贏的喜悅」來中和「失敗的恐懼」。我們唯一能用來對抗損失恐懼的，就是……另一種對損失的恐懼。

這時就要談到「錯失恐懼症」（FOMO）。對於投資人來說，唯一能與「損失」產生一樣強烈情緒的就是……錯失。沒有人願意成為那家錯過《星際大戰》的好萊塢製片廠，或是拒絕愛因斯坦的大學，更不想成為當年拒絕以五千萬美元收購網飛的百視達高層。❻（如今，百視達已經倒閉，而網飛的市值已經超過兩千億美元。）

錯失恐懼症的現象，隨處可見。一家公司創辦人只要有了領投的投資人，其他投資人就會想加入這一輪募資。一個員工只要有其他競爭對手來挖角，加薪的機會也會大幅提升。房仲只要收到一個買家出價，就更容易吸引其他人的報價。

錯失恐懼症的力量非常強大，足以刺激整個產業的發展。自駕車技術其實已經存在五十年以上，但正因為錯失恐懼症，它才成為各大汽車製造商的策略重點。早在一九六二年，通用汽車就推出了一款名為第三代火鳥（Firebird III）的展示車，❼它的特點是「搭載一套電子導引系統，讓汽車可以在一條自動導引的高速公路上飛馳，駕駛本人不需要操控，可以放鬆休息」。❽福特汽車公司當時也在進行自己的自駕車計畫。

但幾十年後，谷歌和蘋果等矽谷公司相繼加入自駕車戰局時，福特和通用汽車隨即將自駕技術從研發專案提升為勢在必行的策略重點。通用汽車率先出手，以逾十億美元收購了自駕車新創公司 Cruise Automation。❾在錯失恐懼症心態的驅使下，其他汽車製造商也紛紛仿效跟進。福特宣布對一家成立才四個月的新創公司 Argo AI 投資十億美元❿，飛雅特克萊斯勒是與谷歌的自駕車部門 Waymo 合作，⓫梅賽德斯賓士集團與 Uber 聯手打造一支自駕車隊。⓬福特和通用汽車還在矽谷設立大型事業處，確保對方無法獨占頂尖的技術人才。短短幾個月內，錯失恐懼症讓自駕車產業從毫無動靜，突然急速爆發。

身為創造者，我們的工作不是利用錯失恐懼症來操縱人，而是要化解別人對「押錯寶」的恐懼。雖然聽起來有些矛盾，但錯失恐懼症能讓高風險的賭注反而看起來像是穩妥的選擇，因為它能讓人免於「落後他人」的風險。這種「勢在必行」的感覺，往往不是來自「我們應該改變世界」的論點，而是出自「無論我們要不要參與，世界已經在改變」的主張。

我在搞砸了索尼影業電視公司的 iPhone 提案一段時間後，山姆・施瓦茲（Sam Schwartz）在美國電信及有線電視巨頭康卡斯特集團做了一場堪稱大師級的提案。身為業務發展部門主管，施瓦茲告訴我，他想說服其他高階主管，康卡斯特必須推出一項行動服務，這樣才能同時滿足客戶在家中與離家的需求。

但是和我不一樣，施瓦茲並不是提出有力的理由證明他的行動服務「應該推出」，而是強調「這件事已經在發生了」。施瓦茲指出，在行動應用的趨勢上，歐洲一直領先美國五年，而且已經將有線和無線服務綁在一起。他還透露，AT&T 和威訊通訊在美國也出現正在整合的跡象。如果康卡斯特不盡快行動，就會被甩在後頭。由於施瓦茲成功讓每個人先認同這種趨勢轉變的存在，然後才能順勢提出他的解決方案：Xfinity Mobile。

乍聽之下或許有點違反直覺，但要向人證明改變勢在必行，反而是表明你提出的願景不一定是獨一無二的，只是稍稍領先而已。亞當・洛瑞表明，不管有沒有美則，清潔產品必然會成為時尚的家居擺設。山姆・施瓦茲說明了無論有沒有康卡斯特，居家與戶外的整合服務也必然會出現。也像珍妮佛・海曼展示的那樣，即便沒有Rent the Runway，各大服飾品牌必定還是會從銷售轉向租賃模式。快轉到今天，這樣的轉變已經發生了。預計在未來十年內，服裝租賃有望成為一個價值四百億美元、擁有數十家業者參與的產業，當中不乏傳統零售業者，比如Urban Outfitters和Banana Republic等，現在也都提供這項服務。[13]

左軒霆是在Salesforce（賽富時）歷練出身的，並在那個受到馬克・貝尼奧夫啟發、奉行「轉變會發生」的企業文化中成長。身為該公司的第一任行銷長，左軒霆得以用人類學家的視角觀察到：企業採買軟體的方式正在轉變。他順著這場變化觀察下去，察覺了兩個主要轉變：一方面，許多歷史悠久的大型指標性公司正在徹底消失中。另一方面，Zipcar和網飛等新創品牌則透過「訂閱制」這種商業模式的加持而蓬勃發展。

左軒霆越深入研究就越相信，訂閱制不只是新創公司的工具，而是想繼續生存下去的大企業必定要跟上的趨勢。他為這股趨勢創造了一個術語——「訂閱經濟」，並創辦了名為「祖睿」（Zuora）的新公司，幫助企業善用這種商業模式。如今，祖睿已經是上市公司，客戶涵蓋 Zoom 到《衛報》等知名公司。[14] 左軒霆向潛在客戶傳達的訊息始終如一：無論有沒有你，這場轉變勢必會發生。你想跟上，還是被淘汰？

現在進行式的行動

錯失恐懼症還有一個最佳搭檔：現在進行式的行動。僅僅證明你的點子是必然的趨勢還不夠，還得展現出這個點子已經在推進了。這種行動會讓錯失恐懼症變得真實可感。少了現在進行式的行動，你提出的勢在必行論點就可能說服不了人。

二〇一七年，沃爾瑪以超過三億美元的價格收購了男性服飾電商 Bonobos，但是當安迪．鄧恩（Andy Dunn）在二〇〇七年初次為該公司募資時，其實很難找到投資人。當時，只有七%的服裝是在網路上銷售，比例實在太低了，很難證明它是很有潛力的商機。更大的阻力或許是，Bonobos 主打「更合身的褲子」，但因為是線上銷售，消費者在購買前根本無法先試穿。大家普遍的懷疑是：真的有人會願意冒險去買一條不確定是否合身的褲子？

鄧恩沒有反駁這種邏輯，而是用具體例子說明事情正在改變。他以網路鞋業公司薩波斯（Zappos）為例。鄧恩向懷疑者解釋：「一開始，投資人也不相信人們會在網路上買鞋。」就像買褲子一樣，投資人也認為，客戶一定會堅持先試穿才願意買。但薩波斯後來成了一家高速成長的公司，最後亞馬遜甚至以近十億美元收購它。[15]鄧恩戴上人類學家的帽子，向自己和別人證明，既然鞋子在網路上都賣得動，褲子當然也可以。

讓投資人願意相信「薩波斯結合雷夫羅倫」這個概念，是一種「勢在必行」的感覺，但真正讓他們相信「Bonobos 真有可能成為這種品牌」的，是它展現出現在進行式的行動。在開始募資之前，鄧恩和他的共同創辦人布萊恩·史帕利（Brian Spaly）已經在汽車後車廂、朋友公寓舉辦的「褲子派對」上開始銷售了。雖然這些銷售只帶來不到十萬美元的營收，不足以讓矽谷的投資人傾心，但這證明，他們不是只會做 PowerPoint 投影片簡報而已。鄧恩告訴我，如果早期沒有這些現在進行式的行動，「根本不會有人感興趣」。

你不需要大量的現在進行式行動，就能製造錯失恐懼症，並顯示出勢在必行的跡象。Bonobos 褲子在喬氏超市是裝在它的購物袋中銷售一空，美則只在少數幾家商店中鋪貨銷售，Rent the Runway 只在紐約、紐哈芬和波士頓等城市測試概念。[16] 但這些行動足以證明，這不僅僅是點子，而是他們真的已經動起來，順著這股勢在必行的浪潮往前走了。

願景應該根據現實，而不是空想

成立 WeWork 一開始是源於兩個重大且勢在必行的轉變。第一，自由接案經濟的規模呈爆炸性成長。二〇一九年，美國有五千七百萬名勞工屬於零工經濟的一員。[17] 這場由二〇〇八年金融危機催生的社會經濟變遷，促使許多剛投入自由接案的工作者開始在找辦公桌的空間。第二，大公司正快速分散人力配置。甚至在新冠疫情爆發之前，「在家工作」就變得越來越普遍，企業也開始設立分支據點，才能在各地挖掘與接觸新的人才。

這兩股趨勢都成了 WeWork 創辦故事的一部分。當它成為美國估值最高的新創公司、市值達四百七十億美元時，[18] 自由接案的工作者和千禧世代已經占美國勞動力的三分之一以上。[19] 在當時，大家非常清晰地認知到世界的發展方向，以及 WeWork 在當中扮演的角色。

但接著，事情突然之間變得模糊起來。這家新創公司的創辦人亞當・紐曼宣布，他們要從共享辦公空間擴展到學校、當地銀行業務，甚至未來還要提供送人前往火星的服務。投資人對這些全新的方向、優先事項和資源使用方式大感錯愕。這家公司的願景，看來不再是根據世界的發展趨勢，而是依據紐曼心中認為世界**應該**走的方向。談到紐曼時，一位投資人告訴我：有願景的創辦人和陷入空想的創辦人，兩者之間是有差別的。

雖然紐曼的親信圈似乎對新願景表示讚賞，但當該公司申請上市時，華爾街的感受卻大不相同。除了其他問題之外，分析師認為紐曼的計畫並不務實。結果，首次公開上市被取消，公司估值暴跌數十億美元，數千人遭解雇。紐曼被迫辭職，新的領導團隊接手，試圖讓 The We Company 回歸它的基本業務。[20]

在我寫這本書的時候，一些親近紐曼的人告訴我，他只是「做賈伯斯會做的事」——以不同且放大格局的思維方式思考事情。但人們很容易忘記，iPhone 的問世是勢在必行的，並不是空穴來風。iPhone 在二〇〇七年上市時，ＩＢＭ已經推出過一款帶有觸控螢幕的智慧手機，並且有超過三千萬人購買了 PalmPilot。[21] 諾基亞也展示過一款觸控螢幕手機，可以定位餐廳、玩賽車遊戲和訂購口紅。

一九九四年，《連線》雜誌報導過一家名為「通用魔術」（General Magic）的公司，它當時的產品設計幾乎與後來第一代的 iPhone 如出一轍。當這家新創公司資金燒完時，其中兩位高階主管——東尼．傅戴爾和安迪．魯賓分別去了蘋果和谷歌，主導了 iPhone 和 Android 的開發。現在，市面上大約有九九%的智慧手機，其實更應歸功於這兩位產品主導者的貢獻，而不是眾所熟知的賈伯斯。[22]

但賈伯斯確實加速了已經在進行中的趨勢。在他的 iPhone 發布會演講中，他不斷強調，世界已經朝著 iPhone 的方向發展，現在……它終於來了。他最後總結指出：「我喜歡韋恩．格雷茲基（Wayne Gretzky，加拿大冰球運動員）的一句老話：『我會滑向冰球要去的地方。』」

當我努力讓 Rise 順利起步時，我一遍又一遍地觀看賈伯斯的那場演講。雖然像提娜．夏基這樣值得相挺的人讓我學到，將自己的點子連結到人們內心和思想中發生的必然轉變，這件事很重要，但真正啟發我去關注「醫療保健領域的冰球要滑向何方」的人，是在 YouTube 上看到的賈伯斯。

我觀察到的是醫療從業人員溝通方式的一場必然改變，例如：醫生透過電子郵件與患者溝通、護理師透過視訊交流，以及骨科外科醫生在手機上查看醫學影像。我們與醫療從業人員的整個溝通方式，正在從低頻率的面對面看診，轉變為高頻率的遠端檢查。

雖然大多數的交流是透過視訊進行的，但我逐漸確信，醫護人員和患者勢必會透過簡訊和照片來溝通。我開始帶著投資人一步步了解這種自然演變的過程，特別提及簡訊發送頻率正在提高，尤其是在銀髮族群中。只有在說明並證明這個趨勢走向後，我才向他們介紹自己的構想：提供一項服務，讓人可以拍攝食物的照片，然後從專屬營養師那裡收到即時的文字回饋意見。

步驟 5

把局外人變成同陣營夥伴

大家常說，創意的公式有兩個步驟：一個好點子，加上一流的執行力。但事實上，中間還有一個「祕密步驟」，那就是：把局外人變成同陣營夥伴。這樣一來，當你的點子進入執行階段時，他們才能和你站在同一邊，齊力推進。絕大多數偉大的運動、組織和倡議行動，都可以找到這個祕密步驟。

一九四〇年代，「速成蛋糕預拌粉」在美國各地的大賣場上市，搭配大量的行銷宣傳和話題炒作：完成一道美味甜點的前置準備，只要加水，將麵糊倒入烤模，然後烘烤即可。比起從零開始做蛋糕，這個做法需要的時間和精力不到一半。因此，當行銷人員發現產品竟然賣不動，都大吃一驚。

最後是心理學家恩內斯特・迪克特（Ernest Dichter）解開了其中的謎團。在深入訪談與追問全美各地的家庭主婦之後，迪克特得出一個令人驚訝的結論：這些預拌粉讓烘焙變得**太簡單**了，幾乎將消費者排除在創作過程之外。於是廠商嘗試了新做法：他們從預拌粉中拿掉雞蛋成分，改由使用者自己打蛋、拌入預拌粉中。在這個調整之

後，銷量開始飆升。❶

在接下來的幾十年裡，研究人員一次又一次地觀察到這種模式。哈佛商學院的麥克．諾頓和兩位同事最後將這個模式命名為「宜家效應」❷，並用實驗證明：相較於單純購買現成產品，我們對於親手參與打造的產品，會賦予幾乎高出五倍的價值感。因為「花在接觸物品的時間」，會帶來「擁有感和價值感」。❸

一個潛在支持者會對別人的點子也產生這種擁有感嗎？一開始，我並沒有看出其中的關聯。也因此，我在每場提案時，就會盡全力展現自己有一個完整周延的計畫，每個大小細節也都想得一清二楚。我認為，為了讓別人願意相挺，自己的點子必須無懈可擊。

但隨著持續向投資人提出各種構想，我漸漸意識到了一件事：我的計畫內容越是死死規畫好每個環節，反而越難激發對方的熱情。我表現最好的提案，往往都是那些至少有一個開放式問題的簡報，我會把這個問題拋給在場的人。在這樣的會議中，投資人一開始通常都是先坐在我的對面，在結束時，大家就已經圍著我的筆記型電腦或手機，一起研究怎麼做。這些經歷讓我無意間領悟到一個不為人知、但對於得到別人相挺至關重要的道理：人往往最願意為那些讓自己產生擁有感的構想努力奮戰。

為什麼這很重要？因為即使支持者喜歡你的構想，他們多半還是得去說服其他人。如果創投家喜歡你的新創公司，他們可能需要說服其他合夥人。如果公司執行長喜歡你提出的新產品構想，他可能仍必須向董事會介紹。如果編輯喜歡你的書籍概念，他們依舊得在公司內部爭取共識才能進一步談出版事宜。

這就是為什麼當我們在提案時，尋找的不只是一個支持者，還是一個倡導者。一個能抱持和你一樣的熱情、為這個構想發聲的人。薩爾曼・魯西迪曾說過：「人生中多數重要的事，都發生在我們不在場的時候。」❹我們可以親自到場提案，但真正決定這個構想命運的地方，極有可能是在我們不在場時的走廊討論、幕後會議和一連串往來的電子郵件中。當支持者感覺自己對這個構想也有貢獻時，就會成為強力的倡導者。他們就像自己打蛋、拌入預拌粉一樣，一起投入整個計畫中。

在拍完《不願面對的真相》後，導演戴維斯・古根漢決定，將焦點從氣候變遷轉移到個人愛好，也就是電吉他。他的構想是製作一部介紹有史以來最偉大吉他手的影片。在他的願望清單上的首位吉他手，可說是傳奇中的傳奇——齊柏林飛船的吉米・佩奇。

當古根漢向團隊提出這個點子時，大家的一致想法是：這是不可能的事。古根漢告訴我：「讓吉米．佩奇來參與這部片，一直是我的夢想。但我們沒有人相信能請得動他。他太注重個人隱私了。」事實上，在佩奇五十多年的音樂生涯中，他接受過的採訪次數屈指可數，而且沒有一次專訪內容深入到可以用來拍成一部紀錄長片。

古根漢沒有就此放棄，最後設法聯繫上佩奇的經紀人，對方也證實了大家的疑慮。當古根漢提出請求，希望有機會親自與佩奇說明這個構想時，經紀人說：「我可以給你一個小時。」他沒料到古根漢竟然會為了這短短的會面，搭乘十小時的飛機從洛杉磯到倫敦。但古根漢隨即就訂了最早一班能飛往倫敦希斯洛機場的班機。

他在倫敦一家飯店的大廳見到了佩奇，兩人邊喝英式紅茶邊交談。從他們坐下來的那一刻起，古根漢就面臨著壓力，因為他要說服這位搖滾傳奇去做一些自己從未做過的事。佩奇或許原本預期會面臨一次強迫推銷的經驗。但這並沒有發生。

「吉米，我不知道這部片會是什麼樣子……但我們一起來講這個故事吧。何不先從一場閒聊開始呢？沒有攝影機，只有一支麥克風，也不需要承諾。我們就單純聊聊，然後看看會聊出什麼。你隨時都可以起身離開。」古根漢說，這一刻成了這部片的轉折點。佩奇回答：「我懂了，就是順其自然發展。」

古根漢和佩奇在當地小旅館租了一個空間，兩人最後聊了整整三天。就如承諾的那樣，沒有拍攝計畫，也沒有攝製組，只有兩個人敞開地分享想法、回憶和軼事。

這場對談成了電影《吉他英雄》誕生的起點，該片後來獲得了獎項提名，並被讚譽為「一部成功且令人全神貫注的九十分鐘視覺盛宴」。[5]

對我來說，古根漢的故事是足以改變我職涯的重要啟發：把自己仰賴的人帶進你的創作過程，讓他們感覺自己是這個點子的共同擁有者。即使感覺不自在，但是也不要害怕讓別人參與你的計畫，留下他們的痕跡。讓別人成為同陣營夥伴，他們就會對你的成功產生投入感。曾製作過《星際大戰：原力覺醒》等耗資龐大電影的湯米·哈珀（Tommy Harper）對我這樣說過：「只要他們覺得這是自己的點子，我們雙方就是贏家。」

與其把構想說死，不如展現它的可能性

喬爾·史坦（Joel Stein）是作家，曾是《時代》雜誌的撰稿人。他住在紐約和洛杉磯，後來踏入娛樂圈，開始向電視台提案節目構想。史坦告訴我，有一次他向哥倫比亞廣播公司提案一齣情境喜劇，主角是一名三十五歲的獨立搖滾明星和癮君子。在

提案正式開始之前，史坦和高層閒聊了一下這個構想的靈感從何而來。史坦語氣隨興地說：「在這個大人會看迪士尼電影、吃杯子蛋糕的世界裡，還在努力長大的人，應該只有戒毒中的癮君子了。」這番話讓在場的人熱烈討論起一個問題：我們其實都沒準備好長大；史坦也順勢帶出了他的提案——關於有毒癮的獨立搖滾樂手的故事。

史坦離開會議後不久，甚至還沒走到車子，就接到電話通知他，哥倫比亞廣播公司想買下這個節目。但有一個問題。史坦告訴我：「他們不想買我的提案，而是想買我在提案**之前**說的那些內容。」原來，哥倫比亞廣播公司對三十五歲的搖滾明星情節並不感興趣，但「努力長大」這個角度很吸引他們。他們希望和史坦合作，從不同的方向來發展這個主題。因此，他們開出比史坦在《時代》雜誌的年薪還高的價錢，買下這個節目，但不是他原本創作的劇情版本。

如果史坦當時直接切入正式提案，結果可能就不一樣了。但提案前的討論，等於是邀請電視台高層一同參與這個創作過程。史坦也幾乎是在無意間學到，讓人願意相挺的一個核心規則：**與其把構想說死，不如展現它的可能性**。

我和史坦一樣，也是誤打誤撞學到這個道理。我原本以為，一個值得相挺的構想就是一個無懈可擊的計畫，所有的細節都要想得面面俱到。但我後來才領悟到，雖然仔細考慮所有細節非常重要，但不需要一開始就全部攤開來說。相反的，應該先分享這個構想的大方向，讓對方了解「它可能變成什麼樣子」，接著停頓一下，邀請他們一起參與討論。

新創公司的提案通常有一個「備用」投影片區。這是用來在最初提案之後、進入討論時做為參考的投影片。我第一次開始為Rise做提案時，只有一〇%的內容放在備用區。後來，在一些值得相挺人士的協助下，我重新整理簡報結構，備用內容增加到五〇%以上。我再也不會一開始就講完所有細節，而是先說明大方向的構想和願景，然後就開放給大家討論。結果，每場提案的感覺，開始不再像單方面的簡報，反而更像是一場合作。

賈伯斯當初正是用這樣的方式，說服行銷顧問雷吉斯．麥金納來打造蘋果的初代品牌形象。賈伯斯非常喜愛麥金納為英特爾做的廣告，因此希望他來設計蘋果的標誌。問題在於，當時的蘋果還是一個不知名的品牌，而麥金納手上已經有一群穩定的大客戶了。❻

但麥金納在與賈伯斯會面不到五分鐘，就決定與蘋果合作。為什麼？因為賈伯斯沒有用一套詳細的規格說明來轟炸麥金納，也沒有把蘋果公司是什麼定義得一清二楚，而是充滿熱情地談論這個品牌可能成為什麼樣子。正是「描繪**可能性**的對話」邀請麥金納參與了這個過程，而且他不只是出一份力的貢獻者，還是合作者與同陣營夥

伴。❼結果，他不僅設計了蘋果的標誌，還幫忙擬定該公司的第一個商業計畫。❽

撰寫這本書期間，我認識了喬納森・多坦（Jonathan Dotan），他不是那種典型的好萊塢編劇。他原本是受HBO的《矽谷群瞎傳》劇組邀請，擔任技術顧問，負責確保該節目的可信度，以便取信於早期的主要觀眾——那些熱愛科技宅劇的科技怪咖。在這部劇中，只要有一個細節和現實不符，就會在Reddit上引發撻伐。多坦擁有技術設計和影視經驗的獨特背景，因此被找來查證每個情節轉折，並進行壓力測試，確保所有內容在技術上都有現實根據。

在第一季的結局中，編劇希望主角理查德・亨德里克斯（Richard Hendrix）能在寫程式上得到突破，讓他的新創公司使用的壓縮演算法大幅超越其他公司。對於一家小型新創公司來說，這是一項艱鉅的任務。

多坦的工作是負責研究，接著將各種概念帶入編劇會議室，那個場面就像是一場爭取支持的摔角大賽。各種點子從你一言我一語當中冒出來，大多數當場就會遭否決了。節奏很快、機鋒四起，而且每個人的聲音都很大。能吸引全場的注意就算幸運了，更不用說要激發大家的熱情。

多坦開始著手研究壓縮引擎，結果發現一件讓他感到意外的事。原來，我們現今使用的許多消費性科技產品背後的演算法，其實幾十年來都沒有太大的改變。這是一個足夠有趣的洞見。多坦本來可以藉此構思自己的劇情發展，並引導編劇朝這個方向走。但他沒有這樣做，而是單純分享自己的發現。多坦後來告訴我：「我不想預設方向，只想開啟一場對話。」在編劇會議上，他向大家介紹了現有的兩種壓縮類型：由上而下和由下而上，接著補充說：「自一九七〇年代以來，沒有什麼真正的進展。」這樣的分享就足以激發兩位首席編劇麥克．喬吉（Mike Judge）和亞力克．伯格（Alec Berg）的創作火花。在反思多坦的簡報之後，他們對他說：「你提到了由上而下和由下而上。那麼從中間向外呢？」

在接下來的幾週裡，多坦和編劇們合作，一起發想並驗證了一種全新類型的壓縮引擎。「中間向外」（Middle-out）最後成為該劇的壓軸橋段。該劇贏得了五項艾美獎提名，也贏得了核心科技觀眾的信任，甚至還啟發一些人根據這套新壓縮引擎真的創辦了一家新創公司。❾

至於多坦，他成功在那一季電視劇結局中發揮了關鍵作用。之所以能做到這一點，是因為他從頭到尾都沒有強推自己的構想。如果他帶著具體的解決方案衝進會議室，編劇們可能永遠不會想出「中間向外」這套壓縮引擎。相反的，他分享的是這個構想的大方向，說明它「可能成為什麼」，而不是它「必須是什麼」。

別漏掉「我們的故事」

大多數精采的政治演說會包含三個故事：「我的故事」、「你的故事」，以及最重要的「我們的故事」——也就是當我們群策群力、同心協力時，會達成什麼成果。美國前總統約翰．甘迺迪的就職演說就高明地做到了這件事。他勾勒了一個大膽的施政願景，然後號召世人思考：「我們可以一起為人類的自由做些什麼？」[10]

我發現創辦人經常在講「我的故事」，偶爾會講到「你的故事」，卻幾乎從來不講「我們的故事」。他們往往會因此錯過一個機會向潛在支持者說明：為什麼你比其他任何人更特別適合這個構想。一旦漏掉這段故事，我們就會失去把局外人變成同陣營夥伴的機會。

約翰．鮑弗里（John Palfrey）是麥克阿瑟基金會的主席，該基金會每年頒發六十二萬五千美元的獎助金，授予約二十位除了擁有多項特質之外，「在創意領域還展現出非凡的原創性與全心投入」的人。在過去的四十年裡，這項大家俗稱為「天才獎」的獎項，得主包括非裔天才女作家奇瑪曼達．恩戈茲．阿迪契、全球資訊網之父提姆．伯納斯李，以及創作百老匯音樂劇《紐約高地》的林—曼努爾．米蘭達等人。

因此，當鮑弗里告訴我，如果有人已經有一條明確的成功之路，反而可能不是這筆獎助金的理想人選時，我真的非常驚訝。他說，當候選人通過「如果沒有」測試，就是最佳人選。鮑弗里說：「我們希望支持的人是，如果沒有我們的支持，就無法充分發揮自己的潛力。」

我們看到其他嚴格篩選的計畫採用類似的標準。史丹佛大學商學院每年都會收到數千份入學申請書，最後只接受幾百名學生。[11]我與招生委員交談時，他告訴我，大多數的申請書只是一份成就清單。但最出色的申請書會呈現出，申請者的「不足之處」正好是該課程的強項能補足的。換句話說，他們能清楚回答這個問題：史丹佛大學的獨特優勢，如何在你需要成長的地方發揮作用。有意思的是，智庫阿斯本研究所的亨利克朗學人獎計畫，也使用了相同類型的分析，該計畫曾頒發獎學金給參議員柯瑞．布克和網飛執行長里德．海斯汀等人。該計畫的一個評選標準就是，申請者正處於職業生涯的關鍵轉捩點，必須「尚未完全成熟」。[12]

那些值得相挺的人教會了我：要讓潛在支持者感受到自己在你的計畫中扮演關鍵角色，有三個步驟：

首先，要找出你的構想中存在的「缺口」，而這個「缺口」剛好是潛在支持者的強項。這個缺口可以是各種層面，例如：還沒釐清的正確行銷策略、不知道該怎麼找到合適的人才。幾個月前，有位皮膚科醫生來向我請教募資的建議，他想把他的診所擴展成連鎖診所。他這個構想中最大的缺口不在醫療層面，而是零售面。在此之前，他一直嘗試向其他醫生募資，但成效甚微。於是我們調整他的募資策略，開始接洽具零售背景的投資人。這讓他能講出「我們的故事」——也就是他的醫療專業，加上對方的零售專業。這樣的組合正中對方下懷，他們因而願意資助。

第二，在會面前，盡量做足功課。雖然你會強調「缺口」，但仍然希望能用正確的問題和討論，讓潛在支持者參與進來。這需要事前準備。事實上，我後來體會到，比起做一場簡報，要促成一場討論需要**更多**的準備功夫。

如果皮膚科醫生接觸零售投資人時，說出「我不懂零售」之類的話，馬上就會讓他們失去興趣。相反的，他花了好幾週的時間學習有關零售策略的一切。他打電話請教有相關背景的朋友、參加了線上零售研討會，還與街坊商家的店主交流。在會面前幾天，他擬出了一些深思熟慮的策略選項。他沒有兩手一攤說自己不擅長，而是展現出自己為了解決這個問題所做的努力，並讓有零售專業背景的投資人一起參與討論。

最後，當你與潛在支持者見面時，一定要直接表達「我們的故事」。解釋一下你的不足之處如何與他們的強項互補，進而讓這個構想得以實現。不要假設對方一定能自己拼湊出這些線索。即使他們可以，但能讓對方知道你也明白雙方為何適合合作，依然非常重要。這位皮膚科醫生給潛在投資人的電子郵件中，會特別強調：「你的零售背景」和「我的臨床背景」合作起來非常合拍。這不僅讓這段關係一開始就帶著合作的氛圍，也讓投資人看到，他確實做足了功課，而不是用一封制式的信件亂槍打鳥地寄給每個投資人。

美妝部落格 Into the Gloss 的創辦人艾蜜莉・魏斯（Emily Weiss），在認識擁有「點石成金」眼光的投資人克斯汀・格林（也是前文提過的一元刮鬍刀俱樂部的投資人）時，就很聰明地實行這幾個步驟。[13] 當時，Into the Gloss 每個月的瀏覽量已經相當可觀，魏斯也構思著多種擴展事業的方式，其中一項就是開發一款實體產品。[14] 她清楚知道如何吸引和留住忠實的粉絲，但對如何打造產品一無所知。[15] 相對的，格林擁有深厚的零售背景，曾投資過 Birchbox（化妝品電商公司）、Warby Parker（時尚眼鏡品牌）和 Serena & Lily（家居用品公司）等消費性產品公司。[16]

魏斯將她的不足之處與格林的強項結合在一起，並巧妙地講述了「我們的故事」。她沒有為格林準備正式的提案簡報，而是談到她從 Into the Gloss 的讀者那裡觀察到的現象、他們渴望的東西，以及她針對他們的需求想到的各種點子。在與格林的會面中，她列出這些選項之後，立刻就吸引這位投資人參與進來，一起討論如何建立線上美妝品牌。在深入討論各種選項的利弊取捨之後，魏斯和格林共同決定最適合初期上市的產品，就是彩妝和護膚品。如今，價值十二億美元的Glossier[17]，產品線也擴展了服裝、身體護理和香氛產品。《財星》雜誌更稱它是「美妝界最具顛覆性的品牌之一」。[18]

讓參與者成爲英雄

幾年前，我遇到了一位名叫蜜雪兒（Michelle）的設計師，她在公司裡很受歡迎。大家會搶著要她加入自己的團隊。後來我發現，雖然大家欣賞蜜雪兒的創意，但更喜歡她的工作流程。每次提出一組設計選項之後，蜜雪兒一定會蒐集在場每個人的意見。在後續會議上，她會逐一檢視大家回饋的意見清單，並說明她如何將他們的想法融入到最新的設計中。如果她決定不採用某些回饋意見，也會說出自己的考量理由。大家不一定會同意蜜雪兒的觀點，但他們總是覺得自己的建議被聽到了、自己的意見有分量，也因此覺得自己是她整個設計流程中的同陣營夥伴。

最近，TED前媒體主管、WaitWhat現任執行長茱．寇恩（June Cohen）說了一句話，讓我忽然領悟蜜雪兒的故事。寇恩指出，為了成就一段非凡的職涯，「必須讓每一個你邀請同行的人，不只成為你故事裡的英雄，更是他們自己故事中的英雄」。在《綠野仙蹤》中，桃樂絲之所以能邀請到錫人、稻草人和獅子一起同行，得到他們的幫助，是因為她讓**他們**成為自己故事的英雄。寇恩說：「如果稻草人沒機會獲得大腦，如果錫人無法獲得一顆心，他們就不會鼓起勇氣面對飛猴的攻擊！」⑲

要讓人感覺自己像個英雄，就需要知道：自己說的話、做的事，真的會產生影響。佩內洛普．伯克（Penelope Burk）是一位著名的募資研究人員，她的研究證明了，當人真的有這種感受時，能帶來多大的改變。二十多年前，伯克注意到，非營利組織領導人將大部分的時間和資源花在「招募新的捐款人」，而不是留住已有的捐款人。結果，平均有將近七〇％的舊捐款人只會捐一次，導致非營利組織領導人只好不斷地從頭開始找捐款人。

伯克告訴我：「這樣做毫無意義。」因此，她決定研究如果慈善機構確實花時間和精力來經營現有捐款人的關係，會造成什麼改變。在伯克的實驗中，她挑出一群曾捐款給國家衛生慈善機構的人。如果你是實驗的對象，就會接到董事會成員親自打來的電話。在這次通話中，並沒有請你再捐款。這是一個關鍵點——這通電話的目的不是要再次說服你掏錢，而是表達真誠的感激。由於給予支持，所以你收到衷心的感謝，並得知自己的捐款帶來的影響。這些電話打完之後，伯克就等著觀察有哪些捐款人會繼續支持下去。

她的發現令人震驚。兩年後，接到董事會成員電話的人當中，有七〇%仍然繼續捐款給該組織；至於沒有接到電話的人，繼續支持的比例只有一八%。更令人意外的是，留下來的捐款人，其捐款金額比最初時多了四二%。[20]

當伯克與我分享這些研究結果時，我問她：一通簡單的電話怎麼會帶來如此大的改變？伯克有一部分的回答，是念出剛好放在她桌上的一封感謝函。這是由某個社群組織者寫給另一個夥伴的信，第一段的開頭是這麼寫的：「我們知道，你的工作經常就是讓捐款人和志工覺得自己是英雄……他們也確實是英雄。」

幫助人了解自己帶來的影響，不是一個商業概念，而是一個人性的概念。每個人都渴望自己說過的話、做過的事能受到重視。如果你是支持者，有時只是讓你知道，你提出的任務、策略或產品的意見被聽見、被採納了，這樣就足夠了。

我第一次體會到這一點，是在政治活動上。在高中時，我曾經幫名叫約翰·丁格爾（John Dingell）的地方政治人物挨家挨戶拉票助選。我到現在還記得，星期日下午去按門鈴時屋主臉上惱怒的表情。在選戰接近尾聲時，人們的憤怒情緒更明顯，因為前後已經有好幾位競選工作人員上門拜訪，而且送上的宣傳單一模一樣。有位住在郊區的男子說：「這份宣傳單，你再給我一次，我就會投票給另一個人。」

十年後，當我為另一位候選人拉票時，智慧手機改變了一切。在上門之前，我可以開啟一個應用程式，了解該選民最關心的議題，因為我們上次拜訪時做了筆記。我會這樣說：「從上次談話中，我知道你非常關心幼兒園到十二年級的教育。我可以向你報告，我們在這方面取得的一些進展嗎？」結果，吃閉門羹的次數變少了，真正有深度的對話變多了。選民感受到有人傾聽自己的意見、他們說的話真的有分量。

我們通常不會透過一場對話就贏得他人的支持，而是透過一連串的互動，逐步建立信任和信心。即使前一場的談話不太順利，你也可以利用下一次的交流，讓對方看到他們的意見如何影響你的工作。這樣的後續追蹤非常有效果，通常可以讓對方的回應，從拒絕變成同意。

布萊恩·伍德（Brian Wood）是美國國防部國家地理情報局的創新策略師。他用淺顯易懂的方式向我解釋他打造的一項名為 Conduit 的內部專案，該專案會使用人工智慧幫助該機構更有效地做出更好的決策。但當他向五角大廈的決策者提案時，遭到否決，他們還表達了一連串的擔憂。

伍德沒有急著辯解，而是仔細聽取回饋意見。他做了詳細的筆記，並整理出一份清單，列出下次提案之前必須解決的事項。幾週後，他安排了一次後續會議。

就像那位任職高科技公司的設計師蜜雪兒所做的，伍德逐步向五角大廈官員說明他重新調整過的版本，也清楚展示他是如何將他們的回饋意見納入改進之中。展示結束後，伍德看到在場的人都露出驚訝的表情。當他問到是否一切都沒問題時，一名官員清了清嗓子說：「一切都很好。只是……以前從來沒有人再回來重新提案。」

我和伍德不同，我從來沒想過要回去找那些拒絕過 Rise 的投資人。直到和一個法學院的老朋友喝咖啡，我才改變。安迪（Andy）當時耐心聽我抱怨那些人怎麼拒絕我的點子。當我說完後，他微微往椅背一靠，望向遠方一會兒後，只問了一個問題：「為什麼？」

我問：「什麼為什麼？」

他說：「他們為什麼拒絕？」

我有點惱火地回答：「因為他們不喜歡這個點子。」

他繼續追問：「是沒錯，但為什麼？他們為什麼不喜歡這個點子？」

就在那一刻，我突然驚覺自己真的沒問過那些拒絕的投資人：他們**為什麼**拒絕？通常，我只會收到一封簡短的電子郵件，上面寫著：「很抱歉，這個案子不適合我們。」但我沒有進一步追問背後的原因。

那天稍晚的時候，我採納安迪的建議，主動聯絡所有拒絕 Rise 的投資人，詢問他們：需要做什麼改善，才會同意投資？有些人回覆的內容仍然是「沒什麼，就是不適合我們」。但也有些人給出具體的回饋意見，例如：「我們希望看到更多關於用戶留存率的數字」，以及「我們希望看到更大的工程團隊，這樣才能相信你們做得出強大的消費性產品」。

如果不提出這個問題，我永遠不會得到回饋意見。現在我有了明確的方向，知道要調整我們的計畫路線：要聚焦於客戶留存率，並找獵才顧問協助我們補足工程人才。大約一個月後，我發了電子郵件給這些投資人，詢問他們是否願意安排一次簡短的後續會議。然後，在每一次會議開始時，我會先重述他們提過的疑慮。我一這樣做，就能感覺到全場的氣氛變輕鬆了。在那一刻，這些投資人知道，我不會浪費他們的時間，重複那套一成不變的提案內容。然後，就像五角大廈裡的伍德和設計室裡的蜜雪兒一樣，我展示如何採用他們的意見來調整策略，以及我們目前為止取得的結果。新的提案不一定奏效，但有兩位之前拒絕我的創投家成了 Rise 的早期投資人。

構想不可以百分之百定案，留點想像空間

谷歌曾經是那種你可以在午休時想到一個點子，然後下班前就付諸實行的地方。但沒過幾年，它的規模擴大了好幾倍，開始出現重重的官僚。會議室裡充滿了意見。你甚至開始覺得好像只要一揮棒，就會打到一個「決策者」。

就在這場文化轉變中，傑克．納普（Jake Knapp）提出了一款視訊聊天介面的新點子。身為設計師，納普現在的工作之一，是讓越來越多的決策者對一個創意方向有共識。但可想而知的是，這些會議並不順利。

納普與同事塞吉．拉瑟博（Serge Lachapelle）討論了這個狀況。午餐時，他們回想起以前只有一個小組時，這些設計討論是多麼順暢和簡單。擁有視覺藝術學位的納普，總是在紙上或白板上畫草圖，每個人似乎很快就能達成共識。

就在這時，拉瑟博忽然靈光乍現。在他們的小型會議上，納普一直是用低保真度的草圖。但與高層開會時，他總是拿出高保真度、高度精確的設計模型。如果他們捨棄這些高完成度的設計，改用這些草圖來簡報，會發生什麼狀況？

納普認為值得一試。他在一張紙上畫出了自己的構想，並錄製了一系列影片，

逐步講解自己的草圖，然後分享給團隊。這個做法奏效了。納普以前收到的都是批評，這次卻收到了建議。當團隊看到這些簡單的草圖，開始發揮想像力，並主動提出有創意的意見。這些回饋意見為納普提供了推進該專案所需要的跳板，最後讓他成為Google Meet的共同創辦人，而Google Meet也成為該公司成長最快的服務之一。

納普後來告訴我，在提出新概念時，你的構想「不可以百分之百定案」。也就是說，你需要為潛在支持者創造空間，讓他們有參與其中的機會。你分享的內容要足以激發對方的想像力，但又不能多到讓他們有拒絕的理由。納普如今是暢銷書作家，他無意間學到的這個教訓，也一直在職涯中派上用場，就像在哥倫比亞廣播公司提案時的喬爾・史坦一樣。

另一位好萊塢編劇迪克蘭・奧內基安（Dikran Ornekian），對於被各種理由打槍早已習以為常，但這次的理由真的讓他很傻眼。「馬多夫？」奧內基安對著電話大喊。一部關於狼人群落的動作驚悚片，究竟能和龐氏騙局主使伯納・馬多夫扯上什麼關係？

就在幾週前，業界雜誌《綜藝》才宣布他的電影《暴狼》已經被列為優先製作案。經過多年白天上班、利用晚上和週末寫作的日子，奧內基安似乎終於走上了成功之路。這部電影原定在里約熱內盧拍攝，奧內基安也正在打包行李，這時經紀人打電話來告訴他一個噩耗。這部電影的金主把錢都賠在了馬多夫的龐氏騙局，原本已經拍板開拍的《暴狼》，現在緊急喊停了。

時機對爭取支持非常重要，但這個時機對奧內基安來說實在太糟了。二〇〇八年的金融海嘯正值高峰，電影投資人紛紛撤資。奧內基安和他的寫作搭檔賴倫德·格蘭特（Rylend Grant）坐在聖莫尼卡的一家咖啡店，他們費了好大力氣才沒讓自己去酒吧喝悶酒。隨著《暴狼》被束之高閣，他們需要另一個能賺錢的點子，而且時間非常緊急。因為景氣可能陷入低迷，但南加州的租金並沒有變得更便宜。

在他們的名單上的第一個點子，是兩人多年來一直斷斷續續討論過的構想：竊盜大師勉強同意傳授一群野孩子真正的偷竊技巧。它有一部分像是搶劫電影，有一部分像是《小子難纏》。他們稱它為《小偷教練》（*Thief Coach*）。

雖然他們對這個構想感到興奮，但也懷疑，是否真的該給《小偷教練》一個機會。因為好萊塢製片廠當時已經開始放棄原創劇本，轉而選擇改編已有名氣的作品。更糟糕的是，奧內基安和格蘭特需要六個月的時間來寫一部新劇本，而且他們根本無法承受（在經濟上和精神上）再次投入這麼多時間，卻沒有任何報酬。

在這段期間，兩人與德里克·哈斯（Derek Haas）會面，他是芝加哥頂尖的編劇之一，也是熱門電視劇《芝加哥烈焰》的創作者。他還經營一個名為「爆米花小說」

的網站，專門發表編劇寫的短篇小說，其中大部分是大牌編劇。他喜歡《小偷教練》的提案，並鼓勵他們嘗試將這個構想寫成短篇小說。

這聽起來像是測試這個想法的完美方式。因為他們寫完三十頁的《小偷教練》短篇小說版本的速度，會比完成一百二十頁的劇本快得多。雖然仍然無法保證可以得到任何財務上的報酬，但作品至少能發表——起碼會存在於現實世界中，不像《暴狼》和其他許多未完成的劇本，完全沒有發表機會。

《小偷教練》在「爆米花小說」上發表後，幾乎沒有引起什麼回響或關注，不久後的某一天，奧內基安正準備像往常一樣在太平洋岸邊慢跑時，他注意到經紀人的語音留言。曾經有一段時間他都會立即聽取留言，但經過多年總是收到壞消息的經驗後，他決定等到跑步結束後再聽。等到終於聽了訊息時，他發覺訊號很差，內容斷斷續續的，唯一能聽清楚的是：「賈斯汀喜歡！」

雖然大眾讀者對《小偷教練》的反應相對平淡，但這部短篇小說卻在有影響力的製片人和導演的辦公桌之間悄悄流傳，直到最後傳到了執導幾部《玩命關頭》系列電影的導演林詣彬手中。林詣彬非常喜歡這個故事，甚至立即召開了一次會議。

但這次會面，不像是奧內基安和格蘭特向林詣彬提案，更像是林詣彬向他們提案。當林詣彬閱讀《小偷教練》時，激發了他對整個故事如何展開的點子。而且由於故事情節還只是個大方向的構想，尚未寫成細節完整的劇本，因此為真正的合作敞開了大門，這讓林詣彬熱血沸騰起來。經過多年的努力，奧內基安和格蘭特終於進入這樣的場合，讓好萊塢最炙手可熱的導演變成了同陣營夥伴。

步驟 6

正式上場前，不斷熱身練習

當奧倫．雅各（Oren Jacob）在名為「皮克斯」的電腦圖像新創公司實習時，執行長賈伯斯決定，公司業務要從開發硬體和軟體轉向動畫領域，而且要解雇一半以上的員工。所有人都是一瞬間被裁掉，雅各也以為自己會遭殃。那個週末，他還在盤算接下來要做什麼。就在這時，爸爸問他：「如果你星期一就像什麼事都沒發生，照樣回去上班，會怎樣？」雅各覺得反正也沒什麼好失去的，就這樣做了。

週一上午，他照常出席每週的全員會議，現場人數已經不到五十人。裁員行動實在太突然了，每個人都在環顧四周，想看看有誰逃過一劫。幾道錯愕的目光還掃向雅各，甚至有人對他挑了挑眉，但沒人說出大家心裡都有的疑問：「為什麼留下這個實習生？」

會議結束後，雅各努力讓自己看起來很忙，四處尋找任務，只要能做點什麼、有點貢獻都好。隔天他繼續這樣做，之後的每一天也一樣。就這樣，他展開長達二十年的職業生涯，從實習生一路做到《蟲蟲危機》的技術總監、《海底總動員》的技術指導總監，最後成為皮克斯的技術長。

這二十年的經歷，讓雅各成為值得相挺人物中的典範。從《玩具總動員》到《勇敢傳說》，皮克斯從一家圖像技術公司變身為好萊塢首屈一指的動畫工作室，雅各扮演關鍵角色。一路走來，從劇本到技術提案，再到商業計畫，他聽過公司成千上萬個提案。他也曾親自向賈伯斯和皮克斯聯合創辦人艾德．卡特莫爾提案。因此，你可以想像，我終於有機會和雅各面對面時，內心有多興奮。我很想了解他在這座宛如巧克力夢工廠的皮克斯裡，是如何成為值得相挺的人。

但一開始，他的回答讓人有點失望。在這家工作室待了二十年後，雅各說，提案能否成功取決於一個關鍵因素：**練習**。無論你是在面試工作、與團隊分享一個新點子，還是向投資人募集資金，「提案就是一場現場演出」。事先不練習，就像演員在登場前不排練一樣。

我覺得雅各講得太簡化了，於是反問他能不能示範一個真實情境——比如我幾年前和傑克．多爾西面試的慘不忍睹經歷。你可能還記得這個前言提過的故事，但這裡我想分享一些更丟臉的細節。推特的共同創辦人多爾西當時剛創辦新公司 Square，我去應徵產品管理的職位。面試才開始兩分鐘，多爾西就丟出一個很簡單的問題：「你對產品開發有什麼看法？」

現在，先讓你了解一下背景：在這之前的好幾年，我幾乎全心投入產品開發領域。我帶領過產品開發團隊、撰寫過產品開發論文，還曾在產品開發大會上演講。但不知為何，當多爾西簡單問了「你對產品開發有什麼看法」，我竟然會語無倫次。

我記得自己回答完這個問題時，就像個緊張的拼字比賽選手，然後看到多爾西的神情從全神貫注變成充滿困惑。沒多久，他禮貌地告辭。不用說，我當然沒有得到這份工作。

回想起這件事，我的心還是會揪一下，但雅各覺得很有趣。笑了幾聲後，他問了我一個簡單的問題：「你在面試前練習過嗎？」我回答有。我做了功課、寫筆記、還準備了問題——大家面試前會做的那些準備，我一樣也沒少。

「但你練習過嗎？」雅各又問了一次。

「你是說，我有沒有實際**排練**自己要說的話？那倒沒有。」

雅各看了我一眼——和當初傑克．多爾西給我的眼神差不多。他問：「你在準備法學院的考試時，會參加模擬考嗎？」我點了點頭。如果沒有那些模擬考，我就無法完成法學院的學業。雅各把身體向前傾，然後說：「所以，為了法學院的考試，你會花幾個小時練習，但對一場可能改變自己職涯的面試，你卻完全沒有練習？」

雅各不是想讓我難堪，但他的話就像一記重拳打在我身上。我不是只有那場傑克・多爾西的面試沒有事前排練。我開始回想自己職涯中每一場意義重大的互動：所有的簡報、面試、咖啡聚會——凡是有機會讓我大放異彩的場合，我竟然想不出自己有哪一次是真的在事前練習過。

如今我輔導過不少創業者和創作者，也見識到，在提案之前做練習的人少之又少。我們會花好幾個小時來做功課、條列大綱和準備投影片，但大多不會花時間來練習自己要分享的內容。大家似乎普遍有一個心態：只要內容對、自己又熟悉，就不需要練習。

但我發現，值得相挺的人在走進會議室之前，往往會充分練習自己的提案內容。他們會找朋友、家人和同事反覆練習。他們在慢跑、茶水間，甚至下班小酌時也不放過排練的機會。他們透過許多「低風險」的練習，來為「高風險」的提案做足準備——我現在稱這些練習為「熱身賽」。

場地太小根本不是問題

幾年前，我接到朋友蘭斯（Lanc）的電話，他的語氣很嗨，又帶點醉意，好不容易才把剛剛發生在自己身上的事從頭到尾講清楚。那是平日的晚上，蘭斯和朋友偶然走進紐約市的一家小型地下喜劇俱樂部Comedy Celar。現場人不多，有一半的座位是空的，蘭斯只花五美元就能進場。他坐在前排的一張桌子旁，欣賞自己不認識的喜劇演員表演。快到最後點餐時間，他正準備離開時，一名滿臉驚訝的主持人走上台。「各位女士、先生……你們絕對猜不到誰來了。」他說完後，停頓得比平時長一點，然後說：「讓我們歡迎……傑瑞．史菲德！」

當時距離《歡樂單身派對》的大結局才過了幾個月，史菲德可說是地表最炙手可熱的喜劇演員，他要是在麥迪遜廣場花園之類的大型場館演出，門票輕而易舉就能秒殺。結果，蘭斯才花了五美元（票根還塞在右口袋），竟然就能坐在台下，近距離看這位喜劇傳奇人物演出。

當《歡樂單身派對》停播時，史菲德做了一件大多數粉絲都沒想到的事——他又回到二十年前剛出道演出時的小俱樂部。為什麼？因為他想在風險較低的小場地磨練新段子，好為那些場場爆滿的大型場館演出做準備。

對那些值得相挺的人來說，場地太小根本不是問題，任何地方都適合當熱身的舞台。唯一要求是：一定要在自己以外的其他人面前練習。光是有一個人坐在面前盯著看，就足以讓你進入真正的練習狀態。我女兒八歲時，我就在她面前排練過無數回。

其中的關鍵是，對於每一場熱身練習，你都要像實際站在潛在的支持者面前一樣。我曾經犯過一個錯，就是在熱身練習時，講得像在旁邊解說簡報流程一樣。我說了這樣的話：「首先，我會談到數位診療市場的規模；接著討論我們與競爭對手的不同之處。」但這根本不算是真正的熱身練習。就像史菲德站在觀眾半滿的小俱樂部場地，他依然當成是在座無虛席的大場館裡演出，完整呈現他真正要講的段子。

杭特・沃克（Hunter Walk）專門投資處於初創階段的公司，而且會輔導這些創辦人，幫助他們募集後續的資金。熱身練習提案時，這些創辦人有時會切換到「旁白模式」——此時他們就不是在提案，而是在陳述提案的內容。一旦有創辦人說出「這張投影片是要向投資人介紹我們的市場進入策略」之類的話，沃克就會立刻打斷：「停。請照正式提案的方式做簡報。」❶

皮克斯的奧倫・雅各認為有一條原則至關重要：「練習提案時，不是簡介你等一下會講什麼，而是直接說你實際要講的內容。」這樣不僅能讓練習更有效，對觀眾也比較好。雅各提到同事安德魯．史坦頓（Andrew Stanton）向電影的主要行銷合作夥伴提案《海底總動員》的經過。這些人是負責周邊商品的高層主管，公司要投資多少資金製作玩具到幼兒馬桶蓋等商品，全由他們拍板決定。像這類重要的簡報，通常會由一組團隊一起上台，並準備大量的視覺輔助資料。但史坦頓不是。他一個人上台，手裡沒有任何視覺輔助資料，在接下來的九十分鐘，就進行了一場雅各形容為「世界級、奧運水準的提案」。

他到底怎麼做到的？史坦頓把這群高階主管直接帶進故事，讓他們彷彿真的在看電影一樣。這不是一場預告或解說；而是直接把《海底總動員》演給大家看。在介紹電影中的海鷗角色時，史坦頓不是說：「海鷗很有趣，因為牠們會爭搶食物，對彼此大喊『我的』。」相反的，史坦頓像海鷗一樣抬起頭大喊：「我的！我的！我的！」把這群主管逗得樂不可支。再強調一次，他們不是在聽故事的預告，而是親身體驗故事本身。史坦頓這場一人演出，促成了有史以來最大宗的一筆商品採購案。

當朋友問你最近在忙什麼時，與其給他們一個三十秒的簡要說明，不如問他們：「你有十五分鐘讓我練習一下提案嗎？」我發現，這種「熱身賽」式的練習，不只讓我的提案越來越純熟，也建立更深厚的人際關係。朋友和家人也許還非常樂意參與你準備提案內容的過程。只要不嫌場地小，整個世界都可以是你的練習舞台。

接受丟臉和負面回饋

第一次的練習總是最難熬的，因為你得讓別人看到自己提案中最粗糙、不成熟的部分。我先前從不做熱身練習，主要的一個原因，就是想逃避任何負面的回饋。

但里德．霍夫曼讓我明白，這種思維方式如何阻礙我的成長。任職 Mozilla 時，我參與的第一項專案是名為「Themes」（主題）的功能，它能讓你自訂火狐瀏覽器的外觀。在專案開始幾個月後，Mozilla 董事會成員霍夫曼問我：客戶對這項功能的反應如何？我回答說，我們還沒做過使用者測試，因為產品還沒準備好。他看著我說：「產品的第一個版本如果沒讓你覺得丟臉，就代表產品推出時間太晚了。」

那些值得相挺的人讓我學到，長期的成功是源自短暫的丟臉。那些看起來侃侃而談、即興自然的出色演說者，往往是經過多次練習的成果。他們實在練太多次了，結果，演說反而自然到像沒有排練過一樣。莫琳．泰勒（Maureen Taylor）在矽谷經營一家提供溝通教練服務的公司，輔導對象包括迪士尼、奇異和希爾頓等公司的高階主管。當我問她有多少客戶是天生的演說者時，她毫不猶豫地說：「一個都沒有。」

谷歌前執行長艾瑞克．施密特就是很好的例子。施密特被公認是矽谷口才極佳的人之一，但他早年還在昇陽電腦任職時，給人的印象卻是沉默寡言、深沉內斂——屬於那種開會時很少主動提出想法的人。泰勒告訴我，施密特後來決定採取行動，成為「學習溝通的學生」。在昇陽期間，他學會了如何充分傳達自己的構想，這不僅促使他在公司內擔任更重要的職務，最後也讓谷歌的共同創辦人拉里・佩奇和謝爾蓋・布林注意到他。

同樣的，我們很容易以為，善於打動人心的講者是天生的，但事實上，他們多半是靠刻意練習和不斷調整自己才練成的。為了達到當前的水準，他們經歷過無數場熱身練習。

不要問：「你覺得怎麼樣？」

向朋友說明一個點子之後，我常會請他們再說一次給我聽。這不僅幫我理解對方是否懂我的意思，也會學到新的表達方式。在我開始構思這本書時，暢銷書作家丹尼爾・品克聽完我的提案後，用了更打動人心的話複述給我聽。他說：「最傑出的人，不只是才華洋溢……他們更是值得相挺的。」如果你還記得前言中提過的類似說法，源頭正是他的金句。

請別人複述我的構想，總能讓我感受到哪些內容真正引起共鳴。我可以藉此剔除沒有用的段落，並強化有效的對話內容。這個做法與電影業用的「讀劇會」很類似——演員全圍坐在一起，大聲朗讀完整劇本。導演會在一旁留意大家對台詞的反應。那些冷場的台詞會被刪減，其他部分就會被加強。

前文提到的投資人杭特．沃克告訴我，他採取同樣的方式來幫助新創公司募資。他和創辦人會將募資簡報列印出來，在一到十分的評分標準裡，將效果「應該拉高到爆表十一分」的重點投影片標上星號。

熱身練習的目標是，為了獲得最直接的回饋。練習完一次提案後，不要問：「**你覺得怎麼樣？**」因為這樣問，多半不會讓你清楚了解該怎麼應付難搞的人。與其停留在表象的回饋，不如透過更具體的問題深入挖掘。

醫師湯姆．李（Tom Lee）是One Medical的創辦人，該公司是全球成長最快的基層醫療服務機構，也是後來收購Rise的公司。到了二〇二〇年，One Medical已經公開上市，為近五十萬名患者提供服務，❷但它最初只是由李醫生一人經營的小規模診所。早期的病患走進診所都會很驚訝，因為看到李醫生親自接電話、測量生命徵象，還幫人打流感疫苗。

在接受醫學訓練期間，李醫生發現，正確的提問可以挖掘病根。他舉例說，當病患因為頭痛來就診，他學到的提問方式不是：「你為什麼決定來看醫生？」而是：「你**今天**為什麼決定來看醫生？」多加的那個詞，有助於切入問題的根源。李醫生指出，這個根源通常與工作或家庭的壓力有關。

於是他開始將提問視為醫療工具——用錯誤的工具，只會得到無用的答案。當李醫生創辦 One Medical 時，大多數的醫療人員對病患的提問都是：「你對這次就診的滿意度如何？」但他覺得這種問題就像一個鈍器，無法深入探究真正的狀況，因為「問卷的滿分是五分，絕大多數人都會給四分」。

李醫生決定改問每個病患一個更具體的問題：「從一到十分，你向朋友推薦我的可能性有多大？」然後，他會深入探究每個病患給分的原因，從中汲取經驗，運用到下一個病患身上。李醫生說，行銷界稱這個問題為「淨推薦值」，是一種更敏感的工具，可以讓他「偵測到更多缺陷」。

李醫生不滿足於一般制式的病患滿意度問題，因而能跳脫表象的答案，打造出《商業內幕》記者譽為「我體驗過的最優質醫療服務」❸，以及《快公司》評為健康

領域最具創新力的第一名公司（蘋果排名第二）。❹

李醫生讓我看到：當不再停留於「你覺得怎麼樣？」之類不痛不癢的問題時，可以達到什麼樣的突破。雖然人難免會喜歡聽到「我覺得不錯啊」，但這種回饋其實幫助不大。那些最值得相挺的人都很清楚這一點。這就是為什麼主持人喬恩·史都華（Jon Stewart）每天晚上錄完《每日秀》後，沒有直接回家陪伴家人，而是和節目製作團隊擠在沒有窗戶、只有幾張椅子的小房間裡開檢討會。史都華一邊吃著每天錄影後習慣來一碗的水果，一邊問：「哪裡做得不錯？」但更多時候是在探究：「哪裡可以做得更好？」

該劇的首席編劇兼執行製作史蒂夫·博多（Steve Bodow）參與過將近兩千次的節目檢討會。他回憶，有天晚上他們質疑，為什麼節目中有個蒙太奇片段沒有引起觀眾的熱烈反應？透過深入挖掘表象的答案，他們發現，這是因為編劇提交的影片片段沒有標注「時間戳」，導致剪輯團隊得花二十分鐘在整段原始影片素材裡逐一搜尋。博多說：「聽起來這是一件小事，但由於他們沒有足夠時間來細修影片剪輯，結果笑點沒鋪陳好，這就是它失敗的原因。」

最後一個關於蒐集正確回饋意見的重點是：有時候，最好的見解來自人們的行為，而不是他們說的話。朋友可能不想傷感情，所以你要特別留意非語言的線索，來判斷傳達的內容是否真的打動對方，例如：臉部表情、點頭，以及是否在恰當的時刻微笑等。

在向客戶測試新產品概念時，有些頂尖的研究人員甚至完全跳過口頭回饋，只關注他們的非語言行為。任職酷朋時，我和團隊就不再詢問測試版客戶對新設計的看法，轉而觀察他們與產品的互動方式。這種方法讓我們得到更精準的回饋意見。有時候，客戶口頭上說偏好某種設計，但實際上花更多時間使用另一個版本。

《把妹達人》系列的作者尼爾．史特勞斯告訴我，每寫完一本書，他就會把書稿列印出來，大聲朗讀給信任的人聽。但他多半不會徵求他們的回饋意見，反而是在閱讀過程中密切關注對方的表情，並根據他們的反應在頁邊做備注。史特勞斯認為，這種做法是他的一個成功祕訣——畢竟他已經有七本著作成為《紐約時報》暢銷書。

建立你的支持圈

心理治療師埃絲特．沛瑞爾，專精於兩性關係與親密心理學。沛瑞爾指出，婚姻失敗的原因，是我們期待伴侶滿足「原本需要整個村莊才能提供的東西」。沛瑞爾說，我們把所有期待都放在同一個人身上，要對方「給我歸屬感、給我身分認同、給我穩定感，還得給我心靈的昇華、神祕感和敬畏感。要給我安慰，也要給我刺激；給我新鮮感，又能給我熟悉感；給我可預測性，又能給我驚喜」。當對方無法滿足這一切時，我們就會責怪。❺

婚姻諮商師經常會鼓勵當事人，將這份沉重的期待，從一個人身上轉移到一個由親友組成的人際圈，讓當中的每個人分擔不同的情感需求。你的配偶或伴侶當然是這個圈子的一分子，但不是讓你感到完整所需要的「整個圈子」。

這聽起來雖然很奇怪，但它其實也是一項很睿智的職場建議。PayPal 和 Palantir 的共同創辦人彼得・提爾，也是 Yelp、臉書和 Spotify 等公司的投資人，他就非常重視自己的人際圈。他說，自己每天嘗試做的一件事就是與「我認識的最聰明人士交談，持續培養自己的思維」。❻

像提爾這樣值得相挺的人，往往會建立一個由可信賴的顧問組成的人際圈，這些人各有不同的個性和觀點。你日後大多數的熱身練習，都會和這個圈子裡的成員一起進行。在你成為值得相挺的人之前，他們會一路扮演關鍵角色。每個人的「支持圈」組成不盡相同，對我來說，會特別希望圈子裡有有四種特定類型的人——四個 C。

第一個是你的**合作者**（collaborator）。這個人會幫你擴展想法、改善傳達方式。對你說的每一句話，他們不會都點頭稱是，但給出的所有回饋會讓人覺得受用、有建設性。和合作者在一起時，你會有種參加即興演奏的感覺，彼此激盪靈感，一路將你的概念帶到更高的層次。

法學院的學生素來給人一種競爭性強、合作性低的印象，但在西北大學有個例外，那就是艾文・埃施邁爾（Evan Eschmeyer），這位前NBA球員在膝蓋受傷後重返校園。儘管大多數課堂上充斥著爭論和分歧，但他總是那個彌合各方歧見的人。當我和埃施邁爾逐漸熟識，也開始體會到他那種深到骨子裡的合作精神。

二〇〇一年，達拉斯小牛隊當時是爭奪冠軍的熱門球隊，當球隊老闆馬克・庫班（Mark Cuban）簽下埃施邁爾時，評論員都非常意外。因為他當時的名氣不高，但庫班根本不在意明星地位。他反倒關注一項叫做「正負值」的指標。這項數據不是衡量你在球場上的表現，而是評估**隊友**在你上場時的表現如何。雖然埃施邁爾的個人統計數據只算普通，但他的正負值是整個聯盟中最出色球員之一。只要他在場上，隊友的表現就會非常出色。

埃施邁爾將他的「正負值態度」從球場帶進法學院，也帶入了職場。如今，他是許多執行長信賴的顧問，也是我最親密的合作夥伴。當Rise還處於構想階段，我第一批聯絡對象就有他。開始考慮寫這本書時，他也是我第一時間聯繫的人。無論哪一次，他都非常專心地傾聽、做筆記。然後我們進行腦力激盪，一起讓點子更完善。

在提出新點子的早期，我建議身邊還需要第二種類型的人：**教練**（coach）。要說合作者會幫你釐清點子是否適合這個世界，那教練就是協助你認清這個點子是否也適合**你**。正如我們在步驟 1 中討論過的，一個點子就算適合市場，也不代表它適合你。我的妻子莉娜就是我的教練。我常常會拿新點子去找她，有時甚至多到很煩人。莉娜是記者出身，曾為《財星》雜誌撰稿，對一個點子是否貼合市場有很敏銳的判斷力，但她更厲害的判斷是：這個點子適不適合我。她的過濾邏輯不是「這是不是好點子」，而是「這是不是適合桑尼爾的好點子」。

幾週前，我跟她分享一個「爛番茄情感指數」的點子，這個指數可以顯示一部電影可能會帶給觀眾的感受。經過一番思考後，她回覆我：「聽起來可行，但感覺不像是你真正想打造的東西。」她是對的，因為幾週後，我差不多已經忘了這個點子（儘管我仍然認為它是可行的）。

第三個 C 是你的**啦啦隊長**（cheerleader）。這個人不會給你批判性的回饋意見，而是在上場前讓你充滿自信。曲棍球比賽前，選手會為守門員做熱身練習，刻意射一些容易擋下的球。目的是在最後幾分鐘，建立守門員的信心，而不是加強他的技能。

你的啦啦隊長可以是任何人，例如：朋友、同事、配偶或父母。《快公司》雜誌曾將艾倫・利維（Ellen Levy）評為「矽谷人脈最廣的女性」。她的人脈範圍涵蓋國會議員到上市公司的執行長。然而，當我問她，在重要提案前會去找誰時，她微笑著說：「答案很簡單。就是我媽媽。」

我推薦的第四個C，是直言不諱、專挑盲點的**「切達」**（cheddar），是人際圈裡最關鍵的人物。切達會刻意挑戰你的想法，有時甚至會用讓人不舒服的方式戳出其中的漏洞。

身為底特律人，我很喜歡由饒舌歌手阿姆主演的電影《街頭痞子》，我將第四個C命名為「切達」，就是取自片中主角吉米的某個朋友的名字。在整部電影中，主角的朋友總是不斷給他加油打氣，只有切達不是。在最後一場饒舌對決之前，大家都在對吉米說些激勵的話，這時切達卻突然冒出一句：「如果對方提起你的女友剛劈腿，怎麼辦？」

雖然每個人都立即駁斥切達的觀點，但是吉米停了一下，然後意識到他講得有道理。因此，吉米上台的時候，主動先提起女友劈腿的事（正面迎擊反對意見），成功瓦解了對手可能借題發揮來擾亂人心的攻勢。這就是稱職的「切達」會做的事。他們會提出最尖銳、難以招架的問題，這樣之後我們才不會從潛在支持者那裡第一次聽到這些話。

大多數人在生活中往往會避開那些「切達」——也就是對我們的想法最挑剔的人。但有這些人才能讓自己做好最充分的準備，因為我們之後要爭取支持的人也很像切達：他們的工作就是挖我們的盲點。那些值得相挺的人，會透過與切達類型的人進行熱身練習，提前發現自己構想中隱藏的問題。正如投資人查理·蒙格所說：「知道自己不知道的事，比聰明更有用。」❼

我努力要讓投資人對 Rise 感興趣時，有人牽線讓我認識莉亞·索利文（Leah Solivan），她是當時最熱門的線上市集平台 TaskRabbit 的創辦人與執行長。我們在聖馬特奧一家索利文常去的早餐店碰面，我要在她面前做熱身練習。我要把她當成投資人，完整做一次提案。當我講完，她的肢體語言就已經說明了一切——她不只是想給幾個小建議，而是整個提案要全面大修。我們一項一項看她列出的問題清單——我的簡報太長了、塞了太多事實和數字、缺少一個簡潔又難忘的故事。索利文挑出不少毛病，但還是陪我從頭開始重擬了新的簡報架構。索利文離開餐廳繼續她的行程後，我留了下來。我獨自坐在吧檯前，又點了一杯咖啡，開始動工修改。

二十一次法則

一九六〇年二月，傳奇爵士樂女伶艾拉・費茲潔拉在西柏林一場盛大演出中唱了〈Mack the Knife〉。這首歌因鮑比・達林、路易斯・阿姆斯壯和法蘭克・辛納屈等藝人的演唱而聲名大噪，但這是觀眾第一次聽到女性演唱這首歌。這原本是音樂史上極具意義的一刻，卻差點毀掉，因為費茲潔拉唱到一半時，竟然忘詞了。

但費茲潔拉沒有停下來，而是繼續唱下去，一邊唱，一邊用俏皮又愉悅的方式即興創作新的歌詞。觀眾發出陣陣的歡呼聲，而這次錄音也為她贏得了一九六一年第三屆葛萊美最佳流行演唱女歌手獎。

開會時也很容易像費茲潔拉的演出那樣，出現突發狀況。你可能會被問到意想不到的問題、筆記型電腦的連線忽然出狀況，或是有人進進出出打斷會議。有些人天生擅長即興反應，能從容克服卡住與干擾。但多數時候，能達到這種遊刃有餘的人，其實已經鍛鍊出我所謂的「恢復能力」。他們對自己的素材非常熟悉，因此能四兩撥千斤地從容應付突發狀況。

喬許・林克納（Josh Linkner）是屢獲殊榮的爵士音樂家，也是主題演說家。林克納最清楚不過，出色的音樂家和演說家之所以能像費茲潔拉那樣完成〈Mack the Knife〉的演出，不是因為相信一切都會順利，而是因為他們有足夠的信心，即使一切出錯，也能應對自如。

林克納這樣對我描述這種自信的感覺：「我在演奏爵士樂的時候，總是帶著十足的自信走上舞台。但這種自信，跟你想像的不一樣。這不是說我能演奏得完美無缺，而是我知道自己一**定**會在哪裡出錯。但因為練習太多次了，所以我有把握自己可以補救回來。正是這種篤定，讓我在舞台上有種刀槍不入的感覺。」

我也想在舞台上有這種刀槍不入的感覺。當時我正準備在加州向七百多位基金經理人發表演說，於是問了林克納：「我的熱身練習需要多少次？」他的回答讓我的臉都垮下來了。林克納說：「二十一輪的練習。」在這之前，我想不起來自己曾有什麼事會練習過二十一次。然而，我後來與值得相挺人士分享這個二十一次法則時，竟然沒有人感到驚訝。

所以，我開始這樣做了。我最初的幾場熱身練習是找妻子和孩子當觀眾，直到他們聽膩了為止。接著我改找朋友。有幾次，我打電話給幾位許久沒聯絡的人，問他們：「你介意我在Zoom上跟你練一遍演講嗎？」這樣開口確實有點彆扭，但其實很少人拒絕我。我還發現，自己非但重新聯絡上許多朋友，距離「二十一次法則」的目標也越來越近。

大約練習到第十輪左右，我會產生一些新的感覺。因為我對內容已經熟悉到不需要特別去想，反而可以把注意力轉向觀眾。我可以觀察到每一則訊息傳達出去時觀眾的反應，並在過程中做出調整。在先前的幾場練習中，如果有人看起來很困惑，我都只會趕緊講下一個重點。但到這個階段時，我發覺自己已經能臨場應變——為了讓意思更清楚，我會放慢速度，重新強調重點。如果對方看起來很興奮，我會說得更起勁。如果他們笑了，我也會跟著笑。我的演說開始感覺起來更像是一場舞蹈，而不是提案。

到了第十五次左右的熱身練習，我感覺自己已經到了處變不驚的境界。就算三歲女兒在我的練習過程中忽然踢開門，拉著我去廚房倒杯牛奶，我還是可以無縫接上剛剛中斷的地方，絲毫不會影響流暢度。我開始明白，艾拉．費茲潔拉那樣的爐火純青程度，為什麼在提案場合中至關重要。提案時，只有覺得很無聊的人才會從頭到尾默不作聲。真正感興趣的潛在支持者，很少會全程一言不發地聽你提案。他們會插話提問，會要求跳回之前的某項重點，或直接請你講後面的內容。這些都不是壞事，反而代表對方真的很投入。如果你能在突如其來的干擾中遊刃有餘，比如從第三點跳到第九點，又能流暢地接回到第四點，這就是你的自信完美展現的時刻。

當我準備上場提案前已經練習過二十一次後，甚至還會稍微期待出點狀況，好讓我展現一下剛鍛鍊出來的恢復能力。我終於體會到刀槍不入是什麼感覺了。

打掉重練你的風格

當你進行夠多的熱身練習，會開始發現回饋中出現一些共通模式。有時你甚至會察覺，整套簡報方式根本行不通。這時，不要放棄夢想，而是要有勇氣打掉重練，換個全新的風格，重新來過。絕大多數的成功人士都這樣做過。想要證據嗎？找一段你敬佩的人早期的演講，看看他們的溝通風格有何變化。

二〇〇四年七月二十七日，我在民主黨全國代表大會上擔任初級撰稿者。那天是星期二，是波士頓為期三晚活動的第二個晚上，民主黨內每個家喻戶曉的人物都會登台演講。我的工作是確保從希拉蕊．柯林頓到阿爾．夏普頓牧師等，每位演講者在上台前都拿到需要的素材。

但在這群政壇重量級人物中，有一名演講者我從未見過。當他窩在我們臨時工作間的角落、在黃色記事本上塗鴉時，我悄悄問一位後台經理此人是誰。經理也不記得他的名字，只說他是「伊利諾州的參議員」。

這名「州參議員」正是巴拉克．歐巴馬。當晚他登上舞台，我在後台目睹了他首度嶄露頭角的時刻。全世界的目光都聚焦在歐巴馬身上時，我有種彷彿在看著全世界的感覺。我看到一股洶湧的能量席捲全場，它觸及的每個人都像被電到一樣振奮。我看到父母把孩子扛到肩上，見慣大風大浪的政界老手悄悄拭淚，攝影師甚至離開腳架，從鏡頭的視角抽離，只為了用肉眼目睹那一刻。在這場演講之前，體育場裡的大多數人都不知道歐巴馬的名字。可是當大會結束數小時後，我看到不少人留在現場，低頭在地板上找歐巴馬的競選周邊小物。

我們都知道在這之後的故事如何展開，但值得花點時間回頭看看它是如何開始的。在這場演講的四年前，歐巴馬曾參選國會議員，但以二比一的差距落敗。失敗後，歐巴馬一家背負了六萬美元的債務，蜜雪兒不太高興，歐巴馬也在考慮就此放棄從政抱負。

後來的情況還更糟。在選舉失利後，歐巴馬決定飛往洛杉磯參加二〇〇〇年的民主黨全國代表大會。抵達洛杉磯國際機場之後，他本來要租車，但信用卡遭拒刷。好不容易找到方法抵達大會時，又被擋在主會場外。當晚，歐巴馬是站在會場外，透過螢幕觀看艾爾・高爾接受提名的過程。❽四年後，他成了這場大會的主題演講人。

這四年間，發生什麼事？歐巴馬重新開始了。他按下重開機鍵，從頭開始。如今這可能很難令人相信，但當時的歐巴馬給人的印象是乏味無趣。記者對他的描述是「生硬」、「有濃濃的學究味」，他的競選演說感覺就像在講課。在歐巴馬競選國會議員期間曾採訪他的記者泰德・麥克蘭（Ted McClelland）表示，歐巴馬的演講非常枯燥，「乾巴巴到整個會場死氣沉沉」。❾

這一切在歐巴馬重新調整風格後開始改變了，部分要歸功於一位新盟友——傑西・傑克遜牧師。歐巴馬懂得教育人，而傑克遜懂得打動人。歐巴馬如果要攀上政治高位，兩者缺一不可。因此，傑克遜幫助歐巴馬成為他成立的彩虹推進聯盟（Rainbow PUSH）常駐演說人。正是在這裡，歐巴馬進行了許多場熱身練習，也磨練出他後來在二〇〇四年主題演講中展現的風格。❿

回顧那個時期，歐巴馬說，正是那場敗選教會他如何贏得選戰。他說：「它讓我明白，競選活動的重要性不該只靠一堆白皮書和政策建議，而是要講一個故事。」⓫這種智慧幫助歐巴馬成功轉型，從地區性的政治人物蛻變為國家領導人。但如果他不願意打掉重練自己的風格，這一切都不會發生。

步驟 7

卸下自我的包袱

一九五九年，年輕的生物學家喬治．夏勒博士為了研究山地大猩猩，前往中非。當時大家普遍認為，山地大猩猩是凶猛危險的野獸，人人避之唯恐不及。但夏勒與牠們共同生活了兩年後發現，大猩猩其實很溫馴、富有同理心，而且非常聰明，還有複雜的社會結構。當他回國發表這項開創性的發現時，觀眾席上有位生物學家問他：「夏勒博士，幾個世紀以來，人類一直在研究這些生物，卻對這類發現一無所知。你是如何獲得這麼詳盡的資訊？」

夏勒回答說：「很簡單。我沒帶槍。」❶

當時，研究人員通常會在背包藏武器，以防萬一，但夏勒從未這樣做。他相信，一把槍藏得起來，但帶槍者的**心態**是藏不住的。就算你帶著微笑、表現得再溫和，都掩蓋不了內心的不安，大猩猩也總是能察覺到這一點。

我經過多年努力贏得別人相挺的過程，才漸漸認清自己背包裡的那把槍，是「自我」。我那股極度想讓別人刮目相看的渴望，不是拉近彼此的關係，反而製造疏離。

無論表現得多專業、多親切，只要我內心不安，別人一定看得出來。

這本書的其他技巧，讓我可以把提案內容講得很自在，然而，我還要學習的那種自在，是面對自己。我必須學會卸下自我的包袱——真誠表達，而不是想讓別人刮目相看。

說再多，都不如親自示範

幾個月前，在一家創投公司的辦公室裡，我遇到一位來自紐約、非常討喜的新創公司創辦人，他準備介紹一款新的披薩外送應用程式。顧客只要點選一個按鈕，就能訂購最喜歡的披薩。這位創辦人來自五代經營披薩店的家族。我們在會議室等待其他投資人到來時，他秀了一張照片給我看——是他的高祖父在義大利小鎮上開家族第一家披薩店的留影。我立刻對這位創辦人產生好感。他有濃重的布魯克林口音，笑容真誠，舉止自在又從容。

但隨著越來越多投資人陸續走進來，我發現他的神情與舉止變了。他收起笑容，態度變得更嚴肅與莊重。他開始簡報時，那種自在從容的風格彷彿瞬間消失。簡報內容很有趣（也提醒我注意到為什麼三分之一的美國人有肥胖問題）：美國一年賣出三十億個披薩。不分男女老幼，每個人每年平均吃掉十公斤的披薩。❷從二〇一〇年到二〇一七年，股價表現擊敗網飛、蘋果和谷歌的唯一公司，就是達美樂披薩。❸儘管他的投影片設計得不錯，內容也很有料，但整體講起來就是平平無奇。我掃視現場一圈，只見無聊感正悄悄蔓延，投資人開始滑起手機。根據過去經驗，我知道他的話已經吸引不了他們。觀眾的心思一旦飄走，就很難拉回來。

然後我想起他剛才秀高祖父的照片時，那種滿滿的驕傲。我心想，如果能把他調回到那種「親身示範」模式就好了。於是我脫口而出：「你的手機上有這支應用程式嗎？」看到大家露出困惑的表情，這位創辦人說：「有啊。想看一下嗎？」我說好，直接走上前，湊過去看他手機上的畫面。其他投資人也一個一個慢慢從座位上站起來。

就在那一刻，氣氛整個轉變了。當我們全湊在這位創辦人的 iPhone 周圍時，他重新展現活力。他整個人又變回原先和我分享家族故事時那種自在從容的模樣。他一邊滑著畫面介紹應用程式中的不同功能時，我看到投資人一一收起手機，開始主動提問。他成功吸引大家的興趣，幾週後，也獲得他們的投資。

我發現，無論哪個產業、什麼場合，在提案時，只要進入「靠攏模式」，也就是在場的人湊近看點子的示範，而不是光用講的，提案人會變得更有自信。喬丹．羅伯茲（Jordan Roberts）進入法律生涯不到六個月，就要向一群犀利的律師做簡報，這群律師正主導臉書斥資近兩百億美元收購 WhatsApp 的協商，這是臉書當時最大的併購案。這類交易通常需要幾個月的時間來談判，但馬克．祖克伯只給他的團隊四天的時間。那天是週日的早晨，會議室裡的人已經連日沒闔眼、馬不停蹄地工作。他們睡眠不足，也吃膩了外送餐。❹

此時，一個才剛入行的年輕律師，即將一步步引導這群人看懂這筆交易中幾個最關鍵的數字。多年後，我問羅伯茲：「你緊張嗎？有沒有懷疑過自己？」兩個答案都是肯定的。但羅伯茲在那場會議裡表現得非常出色，當場贏得一票資深交易高手的尊敬，還因此登上《富比士》的「三十位三十歲以下菁英榜」。他是如何做出這麼出色的簡報表現？

他根本沒做什麼簡報。羅伯茲沒有使用投影片，而是直接將他的試算表投影出來，帶著會議室裡的律師一一看他的數據。他告訴我：「我不是在簡報，只是將我怎麼思考這些數據的方式，攤開來給他們看而已。」

聚光燈要照在「訊息」，而不是「自己」

當你上場準備提案時，聚光燈就會落在自己身上。但你的任務，是要把那道光從自己身上移開，轉向你的訊息。

幾年來，我們在打造 Rise 的過程中，需要爭取幾個關鍵的合作夥伴來擴大客戶群、提高營收，進而有助於募集更多資金。我開始向 Aetna、慧儷輕體和 Fitbit 等大公司提案，這些公司看起來都很適合合作，甚至可說是理所當然的選擇。然而，他們全拒絕了。

大約在這個時候，前一章提到的溝通大師莫琳・泰勒引用了爵士薩克斯風傳奇查理・帕克的話：「你得先學會演奏自己的樂器，然後練習、練習，再練習。等到真的站上舞台的那一刻，就忘掉這一切，只管盡情演出就對了。」她借用帕克這句話，衍生出如今成為我的座右銘的一句話：**「忘我投入」**。

不管開會、演講，甚至與朋友聚餐，我都把這句話帶去每個場合。正是這句話，幫助 Rise 拿下了一些成功的合作案，也為後續的募資鋪路。

我也親眼見證這句話對其他人產生的神奇作用。舉例來說，麗茲（Liz）是資深的行銷主管，過去十五年一直在高速成長的公司中帶領大型團隊。麗茲在特拉維夫長大，移民美國之前，曾在以色列軍隊服役。在我們的一對一會談中，她說話很有自信，有一種我只能稱羨的天生從容感。她能立刻給人值得相挺的感覺。像她這樣的人，為什麼需要我的幫助？

原來，麗茲在會議室外非常有自信。但是只要在一群人面前，特別是要分享新的構想時，她就會緊張焦慮到汗流浹背。「我的聲音變小，信心縮小，整個人也會變得畏畏縮縮。」

麗茲簡報時，會覺得所有注意力全集中在她身上，就像強烈的聚光燈直射她一樣。我們的任務就是輔導她將焦點從自己身上，轉移到自己的構想。創新藝人經紀公司（Creative Artists Agency）是美國演藝經紀代理領域的龍頭，該公司一位資深經紀人曾跟我說，我們在「代表別人」時，往往說話比較有自信。他說：「這就是為什麼我總是比較擅長推銷客戶，而不是自己。」這解釋了為什麼他旗下的一些藝人在螢幕下很安靜，可是在飾演角色時就能爆發出強大氣場。詹姆斯・厄爾・瓊斯和瑪麗蓮・夢露都曾飽受口吃困擾，但一上鏡頭，他們說起話來竟然流暢自如、無可挑剔。❺我也在想，能不能讓麗茲在會議室裡也進入這種心境？如果她代表的不是自己，而是客戶呢？

當我與麗茲分享這個概念時，她立刻就領會了。她說：「我可以像是客戶的經紀人，而不是什麼行銷副總裁。」幾天後，她帶著這種「經紀人」的心態走進會議。在問答時間，一位董事針對新分析工具提出質疑時，麗茲帶著對方一步步理解如果沒有這項工具，客戶的生活會是什麼樣子。她開場說：「這是她現在的工作流程……」

董事會批准了麗茲的新構想。會議結束後，公司執行長把她拉到一邊說，這是自己見過最有說服力的行銷簡報。如今，麗茲是許多大公司和行銷協會爭相邀請的講者。她的方法始終如一：把聚光燈從自己身上移開，照向她的構想。

麗茲和我或許碰巧想到使用「扮演經紀人」這個點子，但後來發現，它其實是那些容易讓人相挺的人常採取的行為模式之一。我們在為自己以外的他人或理念發聲時，往往會表現得更熱情。

葛瑞格．斯皮里德利斯（Gregg Spiridellis）是數位娛樂工作室 JibJab 的共同創辦人。在二〇〇四年的美國總統大選期間，該公司因製作了搞笑影片《This Land》而出名。在斯皮里德利斯進入提案會議室之前，他會讀幾封來自觀眾的電子郵件，例如：有人寫信分享自己是如何利用 JibJab 的作品，在父親對抗癌症過程中，幫助家人重拾笑聲。Kiva 是一家為全球創業者提供貸款的非營利組織，當員工準備向新捐款人爭取資金時，會在進會議室之前先觀看一些受助者的影片。這些不一定是他們在提案中要分享的故事。重點是要提醒自己服務的對象是誰，這樣一來，他們在提案時就可以忘我投入。

前文提到的 TaskRabbit 創辦人莉亞・索利文，在為公司募資時曾多次遭到拒絕。但她始終能在提案會議中保持自信，因為她專注於客戶真正的需要。她告訴我：「我只是相信這個點子可以幫助人。」後來我與調查記者羅貝塔・巴斯金（Roberta Baskin）對談時，也聽到幾乎一模一樣的回答。巴斯金的報導曾揭露童工問題、重塑產業生態，甚至挽救不少生命。

巴斯金踏上調查記者之路，要從她看到嬰兒食品業者比納營養公司向新手媽媽分發的一份傳單開始。該傳單聲稱自製的嬰兒食品對嬰兒有害。❻當時，巴斯金任職於紐約錫拉丘茲的消費者事務辦公室，她要求比納營養公司重新發一份更真實的資訊。在對方置之不理時，她開始集思廣益，想找出一種將資訊直接傳達給人的最有效方法。於是，她去應徵當地一家電視台的工作。

問題是，她沒有任何記者經驗，也沒有新聞相關的學歷。事實上，她甚至連大學都沒念完。雖然靠著死纏爛打的毅力，她終於爭取到一次試鏡機會，但表現不太理想。她說服對方再給她一次機會。他們答應了，但結果，她又一次被否絕。

大多數人走到這一步可能就放棄了。但巴斯金打電話給新聞室主任說：「請以最低薪資雇用我，而且在你認為我準備好之前，不要讓我上鏡頭。」新聞室主任讓步了，也因此造就調查記者界一位極具影響力的人物。巴斯金揭發一家兒童牙科連鎖診所為了詐領保險，對年幼兒童做不必要的根管治療。她還促成啤酒釀造廠清除酒中的致癌物質。

巴斯金曾經領導美國廣播公司《20／20》節目和哥倫比亞廣播公司《晚間新聞》節目的重大調查報導，並因此獲得無數獎項。然而，我請她回顧自己的職涯，以及當初為了爭取第一份工作死纏爛打的堅持時，我真切地感受到，她的初衷從來都不是為了自己。她說：「大家有權知道比納營養公司的真相。」

取悅所有人，不如找到真心喜愛的人

起初，崔佛・墨菲德瑞斯（Trevor McFedries）向創投公司簡報，是套用一份標準的提案範本，結果卻始終碰壁。他當時正為一個ＡＩ生成的虛擬網紅「Lil Miquela」尋求資金支持——這個虛擬網紅在 Instagram 上展現出的「人味」，甚至比大多數真人還強。但他已經遭到三十多次的拒絕，而且投入五萬多美元後，資金已經快見底，整個計畫瀕臨喊停的邊緣。

後來，墨菲德瑞斯想起多年前在嘻哈音樂圈當DJ時學到的一課。那時候，他以Yung Skeeter或DJ Skeet Skeet的名號活躍於曼哈頓郊區的小音樂場地，在DJ台上看著一群戴著洋基隊帽子的夜店客。他根本不需要什麼水晶球就知道，他們渴望聽到什麼樣的音樂。當晚第一首歌，只要播放美國嘻哈巨星傑斯的曲子，舞池一定炸開。然後一首接著一首，他輪播著嘻哈歌曲，贏來讚許的目光、舉在空中忘情融入音樂的手，以及夜店經理的讚賞。

但是，墨菲德瑞斯總是迫不及待想回到他的公寓。在那裡，他才可以播放自己真正喜歡的音樂，也就是讓他一開始想成為DJ的音樂——浩室音樂。但身為嘻哈DJ，他已經累積了一群死忠粉絲，也有足以維持生計的收入。所以他繼續堅持這份工作，過著雙重身分的生活。在公眾眼中，Yung Skeeter是一位人氣逐漸上升的當紅嘻哈DJ。但私底下，墨菲德瑞斯會關掉外界的一切，沉浸在浩室音樂的節拍裡。

直到有天晚上，一切都改變了。墨菲德瑞斯臨時起意做了一個決定：他在嘻哈音樂的串場中，插播了一首浩室音樂，將自己原本分開的兩種音樂人身分合而為一。起初，現場的人以為DJ放錯音樂了，一心等著這首曲子播完，但此時的墨菲德瑞斯已經陶醉其中、欲罷不能。當他繼續播放更多的浩室音樂時，台下的人氣炸了。幾乎所有人都離開了舞池。他告訴我：「但有一個人留了下來。我無視所有惱怒的臉孔，只是看著她的眼睛。」有名男子身穿洋基隊德瑞克・基特的球衣，朝他大罵起來，還有人跑去求經理「快點叫他停下來」。甚至還有一個人開價兩百美元，要墨菲德瑞斯換回嘻哈音樂。

但墨菲德瑞斯完全不理會眾怒，繼續放完他的浩室音樂組曲。不用說，這家夜店再也沒邀他回去。但墨菲德瑞斯不在乎，因為他總算表達了真我。他捨棄了大型的嘻哈夜店，改在規模較小、報酬也較低的浩室音樂場地，慢慢重建自己的名聲。幾年後，他達到當嘻哈ＤＪ時從未想像過的成就：他在科切拉音樂節上表演，並成為知名音樂人阿澤莉亞・班克斯、史帝夫・青木和凱蒂・佩芮密切的合作夥伴。

但多年後，他從ＤＪ轉行成為科技創業家時，始終無法得到投資人的青睞。就在那時，他忽然意識到一件事：坐在會議室裡的創投家，就像嘻哈夜店裡戴著洋基隊帽子的人。墨菲德瑞斯告訴我：「我又犯了同樣的錯誤。我在迎合他們想聽的，而不是我想聽的。」也就是在這一刻，墨菲德瑞斯決定：換一首歌。

他不再播放投影片——這從來就不符合他的風格，而是開始改用和朋友說話的方式來提案。少一點結構，多一點隨興自在。他會說：「我知道我們正在做的東西，與你們過去投資的案子很不一樣。但如果我們做對了，說故事的方式會就此改寫。」

這不一定都有效。就像當初在嘻哈夜店一樣，有些人就是難以接受新事物。但Upfront Ventures 的卡拉・諾特曼（Kara Nortman）有不同的看法。諾特曼就像那位留在舞池裡不離開的浩室樂迷一樣，她喜歡這種直接、新鮮的方式。她告訴墨菲德瑞斯：「我不確定我的合夥人是否會買單，但無論如何，我想介紹幾個人給你認識。」

靠著這些引薦，墨菲德瑞斯得以在科技界最重量級的投資人面前簡報，包括紅杉資本。他在調整提案風格後，短短幾週內就從原本被三十多名投資人拒絕，一躍成為全球頂尖投資人爭相支持的對象。

依照特定需求調整提案內容，和硬塞入不適合的內容是有區別的。即使這種硬塞法奏效，讓投資者同意了，但後續幾乎都會出問題。當整體推進計畫和預期不符時，投資人就會撤資。電影沒有在前期釐清共同願景，就會在後製階段被腰斬。研發案在第一階段中沒有講明整體的願景，第二階段也會因為方向走偏而中止。

身為創辦人，我必須學到的最重要一課是：大多數人可能不喜歡我的點子，但這沒有關係，因為我真正需要的是，**少數幾個真心喜愛它的人**。就像藝術家只需要幾家畫廊願意展出作品，律師只需要一、兩個合夥人力挺升遷，編劇也只需要一家製片廠點頭同意。

亞當・博朗（Adam Braun）為了宣傳他的全球教育非營利組織「鉛筆的承諾」，租了一輛十公尺長的露營車，走訪全美各地的大學校園。第一站是奧克拉荷馬州立大學，這所學校有三萬五千名學生。博朗在該校發表演講時，台下只有五個人，其中四個還是和他一起坐露營車來的。但就像墨菲德瑞斯一樣，亞當・博朗把注意力放在唯一的觀眾身上——名叫雀兒喜・卡納達（Chelsea Canada）的學生。他照樣講得熱情澎湃，彷彿台下擠滿了人。當博朗和團隊再次上路時，他唯一的觀眾已經成立該組織的第一個大學分會。七年後，鉛筆的承諾在全球各地都有分會，但博朗的目標始終如一：在每個會場找到一個人，並培養成下一個雀兒喜・卡納達。

最初提案被所有投資人拒絕後，我才明白：世界上從來不缺可以提案的投資人。就像一定還有別的獎助計畫、政府補助和藝術展覽機會一樣。即使在大企業文化中，我也看過很多創意人在找到力挺的人之前，會將自己的點子分別提給不同部門。一旦意識到少數熱情者的力量，你就不必再委屈自己變成違背真我的樣子。

卸下自我的包袱，救了我的新創公司。前文提到，我們曾經有過一段時間連薪水都快發不出了。如果我不能盡快得到合作夥伴和背書，公司就只能關門大吉。我們的產品是一款透過 iPhone 提供的健康應用程式，因此最想合作的公司就是蘋果。所以你可以想像，當我受邀去蘋果總部，向幾位高階主管介紹 Rise 時，我有多麼興奮。出發前往庫比蒂諾的前一刻，我收到蘋果團隊的訊息，告知我執行長提姆・庫克可能會在場。他曾經說過：「改善健康將是蘋果公司對人類最大的貢獻。」

真希望我能說，這個訊息讓我充滿了熱情和衝勁。但正好相反，我整個人被恐懼和不安吞噬。我在蘋果總部停車場停好車時，覺得自己快要恐慌發作了。

電影導演經常把喊出「Action!」（開拍！）之前的那個短暫時刻，稱為「關鍵時刻之前的片刻」。這幾秒鐘之內發生的事，影響力不亞於你花了幾週、幾個月和幾年的事前準備。它可能是：你在面試前，坐在大廳等待的那一刻；你做重要簡報前，坐下來整理思緒的瞬間；你的藝術展即將開始時，站在展場門口的片刻。

坐在車子裡、踏進蘋果總部之前的那一刻，我察覺到一件事：雖然這場會議本身攸關成敗，但是我的自我，已經把它放大到近乎神話般壯烈。這場會議的結果，彷彿決定生死。

《讓你的脆弱，成就你的強大》的作者傑瑞・科隆納，是主管教練與領導力發展公司 Reboot.io 的執行長兼共同創辦人，他曾經教我一件事：我們感受到的恐懼，大多是自己製造的。但唯有不推開恐懼，把它拉近、仔細端詳時，我們才能看清這一點。

因此，就在上場簡報前的幾分鐘，我拿出一張紙，嘗試了科隆納教我的一項違反直覺的技巧。過程大致如下：

在這張紙的最上方，我寫下：「你會搞砸這次會議。」

然後，我沒有趕走這個念頭，而是問自己：萬一真的搞砸了，那會怎樣？

我寫下：「公司就會倒閉。」

萬一公司倒閉，那會怎樣？

「所有人都會失業。」

萬一大家都失業了，那會怎樣？

「再也沒有人投資你、與你合作了。」

萬一發生這種事，那會怎樣？

「你會變得很淒慘……妻子會離開你，最後孤獨老死。」

這就到谷底了。

你可能會以為，這個練習會讓一個本來就害怕的人更加恐懼才對。但實際上並沒有。相反的，它讓我看清：是我的自我，將這次會議的利害得失誇大到多荒謬。難怪我會恐慌；因為我的腦海深處竟然埋著這樣的念頭：一旦搞砸這次會議，就會失去我的家人。

《君子》雜誌的特約編輯賈各布斯（A.J. Jacobs）說：「如果能讓自己的念頭清晰起來，你的另一部分大腦就可以更仔細審視它們。」賈各布斯告訴我，他有時候會自言自語，因為「瘋狂的念頭大聲說出口讓自己聽到時，我腦中的另一個聲音就能跳出來說：『哦，這實在太荒謬了。』」

你越往下追問「那會怎樣？」，就越能仔細看清一個恐懼背後真正的恐懼，並釐清那些根本不該存在的念頭。對於當眾簡報的恐懼，不是來自「搞砸這場簡報」本身，而是源於我們腦海裡浮想聯翩的不幸情節。

當我下車、站在蘋果停車場，科隆納的練習幫助我卸下自我的包袱。如果他們不喜歡 Rise 的想法，我再去找下一個欣賞它的合作夥伴就好。我走進大樓，穿越層層安檢，我的腦袋感覺前所未有的清晰與篤定。會議結束的幾個月後，蘋果將 Rise 評為年度最佳新應用程式。

各章精華摘要

步驟1　先說服自己

◆**給新構想孵化時間**。過早提出自己的點子，往往會得到冷淡的回應，讓熱情冷卻，甚至徹底澆熄。記住，打動人心的，不是魅力，而是信念。你的點子如果連自己都還沒接受，就無法讓別人買單。廚師阿杜里茲每年讓餐廳停業三個月，好讓他在公開新菜色前，能先建立足夠的信心。記住，大多數新點子遭扼殺的地方，都不是會議室，而是在走廊和休息室。因為這些構想在真正成熟之前就被分享了。因此，請給你的構想成長所需的孵化時間。

◆**正面迎擊反對意見**。請站在潛在支持者的立場，預先設想他們對你的點子會提出的三個關鍵反對意見。在提案時，不要迴避這些反對意見；反而要正面迎擊。迴避質疑，日後只會引來更多問題，甚至讓對方失去興趣，不再聽你接下來的提案內容。當里德．霍夫曼當初向投資人介紹領英時，公司一毛錢收入都沒有。但他並沒有迴避營收的問題，而是正面迎擊，展示這家新創公司未來的賺錢方式。率先回應這些批評，你反而能讓整體提案更有說服力，讓強項更顯得可靠。

- **重視拋棄式作品的價值**。要接受一個事實：在一個新點子的初期階段，你產出的內容大多派不上用場。但這些最終會被拋棄的成果，並不是浪費時間；而是過程的一部分。薩爾曼．魯西迪並不是每天都有寫作的靈感；他只是坐下來寫，心裡非常清楚，大部分的內容最後都會進垃圾桶。但留下來的，就是一顆一顆的小珍珠，把它們串在一起時，就寫成了句子、段落，最後成了一本本書。
- **衡量你的情感跑道**。理智上感到有興趣很重要，但通常是不夠的，你需要投入情感。想把一個新構想帶到這個世界，需要極大的毅力。因為你得承受很多懷疑、衝突，還有最後期限的要求。你對點子的堅信，只有靠自己對這個構想的熱情不斷續航。林－曼努爾．米蘭達說，像《漢密爾頓》音樂劇這樣的構想，需要好幾年的時間才能創作出來，所以當你有一個構想時，「你真的必須愛上它」，才有辦法投入所需的心力。在考慮一個概念時，不要只判斷它是否適合市場，還要釐清它是否真的適合你。

步驟2　設定一個核心人物

- **我們會對「一個人」產生共鳴**。我們的情感是與「人」產生連結感，而不是與「概念」連結。《一週工作4小時》的銷量破百萬，但提摩西．費里斯其實是為了兩個覺得自己困在工作中的特定朋友而寫的。最好的點子，會以一個核心人物的故事為根基，讓我們從人性層面與這個概念產生連結。
- **分鏡腳本是同理心的橋梁**。透過分鏡腳本，一步步分享客戶的體驗。起初，克斯汀．格林對一元刮鬍刀俱樂部毫無興趣，直到她聽邁克爾．杜賓詳細描述他的客戶在藥妝店內那段痛苦的購物經歷。分鏡腳本是你的支持者和客戶之間的「同理心橋梁」。它能讓我們與想服務的對象產生深刻的連結——可以看到他們所見，感受到他們的感覺。
- **牢記你服務的核心人物**。酷朋和Uber曾圍繞著一個核心人物塑造企業文化，但當他們漸漸忽略了原本要服務的對象時，整體文化也瓦解了。不要在故事中安排了一個核心人物，卻在說到一半時就把他們踢出去。讓他們一直是英雄，你周圍的每一個人也會因此持續受到激勵。

步驟3　用心找到的獨到祕密

◆**尋找谷歌搜尋不到的事。**厲害的點子通常來自一個「用心找到的祕密」，是透過實際走出去，並「了解一些鮮為人知的事」而發現的。當你有點子的時候，想像自己就是詹姆斯．卡麥隆，潛入沉沒的鐵達尼號殘骸中探險。去尋找坐在辦公桌後無法發現的東西。正如布萊恩．葛瑟告訴我的：「我想要的是一個建立在意想不到見解上的點子，不是隨便在谷歌上查一查就能找到的東西。」

◆**用努力讓人著迷。**為了說服一開始興趣缺缺的霍華德．史登，讓他相信寫新書不會是一種「折磨」，出版公司執行長喬納森．卡普和團隊仔細閱讀了史登數百場的訪談逐字稿，最後帶著一本預先整理好的書去找史登。卡普付出額外的努力，簡直是憑著一股執念催生了一本暢銷書。記住，你如何誕生一個點子，與點子本身一樣重要、同樣令人難忘。我當初本來也很猶豫、甚至有點不好意思讓讓投資人知道，我是透過在慧儷輕體會議中心外面站崗，才招來Rise的早期客戶。但沒想到，這段經歷反而成了他們在整場提案中最喜歡的部分。

步驟 4　讓人覺得這是「勢在必行」的選擇

◆ **像「沙發上的人類學家」一樣觀察世界**。典型的提案強調的是：一個構想是新的。但值得相挺的提案傳達的重點是：這個構想勢在必行。Airbnb 的創辦人必須說服投資人，人們其實可以接受和陌生人共享住家。他們沒有試圖告訴投資人「世界應該是什麼樣子」，而是直接指出「世界已經朝這個方向發展了」。在 Airbnb 的最初提案中，有一張關鍵的投影片顯示，在 Couchsurfing.com 和 Craigslist 上，共享房屋已經是一種越來越普遍的現象。

◆ **化解「押錯寶」的恐懼**。我們對押錯寶的恐懼，遠比押對寶的快樂強烈兩倍。那就用恐懼對抗恐懼——讓人對錯過你的點子產生錯失恐懼症，方法就是向對方證明：這個點子勢在必行。山姆．施瓦茲就是這樣說服康卡斯特集團投資 Xfinity Mobile，他的論點就是：這個構想必然會被實現——康卡斯特不做，就是它的競爭對手做。唯一能與「損失」產生一樣強烈情緒的就是……錯失。

◆ **現在進行式的行動**。少了現在進行式的行動，你提出的勢在必行論點就可能讓人聽了無感。你必須讓潛在支持者看到：這個趨勢是必然的，而且你已經搶先踏上這條路。安迪．鄧恩曾說服投資人，讓他們相信 Bonobos 這個品牌的構想是勢在必行的。但真正讓投資人下定決心支持的，是他們早期在後車廂賣褲子的成績，展現了現在進行式的行動。鄧恩說，如果沒有早期那一點點現在進行式的行動，投資人永遠不會挺他。

- **願景應該根據現實，而不是空想**。賈伯斯並非創造 iPhone 所引領的趨勢，而是加速它的發展。加拿大冰球運動員韋恩．格雷茲基曾說：「我會滑向冰球要去的地方。」大多數我們認為有遠見的人，其實只是滑向冰球必然會去的地方。

步驟5　把局外人變成同陣營夥伴

- **與其把構想說死，不如展現它的可能性**。介紹自己計畫時，一開始就把每個細節都攤開來說，反而會讓人覺得這個構想已經被說死了，讓潛在支持者無法參與創意過程。最容易對一個構想感到興奮的支持者，通常都會覺得自己是這個構想的「同陣營夥伴」。齊柏林飛船的吉米．佩奇同意參與拍攝一部紀錄片，是因為導演向他表示，他們會「一起講這個故事」。請記住，那些影響自己職涯的關鍵決定，往往發生在你不在場的時候。這就是為什麼當我們提案時，尋找的不只是一個支持者，還是一個倡導者——一個能抱持和你一樣的熱情、為這個構想發聲的人。

◆ **別漏掉「我們的故事」**。如果有人已經有一條明確的成功之路，反而可能不是麥克阿瑟基金會「天才獎」的理想人選。因為麥克阿瑟基金會希望對你的職業成就產生實際的影響，這其實也是大多數支持者的心態。因此，要理解與傳達你的不足之處，如何和支持者的強項互補。與其告訴對方你如何單打獨鬥地取得成功，不如讓對方看見：為什麼你們一起才能成功。

◆ **讓參與者成為英雄**。我們通常不會透過一場對話就贏得他人的支持，而是透過一連串的互動，逐步建立信任和信心。即使對方在初次提案時拒絕，你仍有機會贏回他們的支持。布萊恩．伍德讓五角大廈官員留下深刻印象，因為他在初次被拒絕後，帶著採納他們建議的改良版再度回來提案。因此，當別人拒絕時，請找出原因，仔細聽取他們的回饋意見，然後，等你再度提案時，讓對方看到你是如何具體解決他們的疑慮。

◆ **構想不可以百分之百定案，留點想像空間**。當設計師傑克．納普放棄高度精確的設計模型圖，轉而分享手繪的草圖時，大家反而更願意支持他的構想。只要傳達自己構想的精髓就夠了，然後開放對話的空間。保持彈性，這樣你才能將現場浮現的各種可能性納入構想中。

步驟6　正式上場前，不斷熱身練習

◆ **場地太小根本不是問題**。透過許多「低風險」的練習，來為「高風險」的重要時刻做足準備。要效法傑瑞．史菲德，無論觀眾人數多少，都不放過練習的機會。如果朋友問起你的構想，別只是簡單帶過，而是請他們聽你完整做一次提案。無論你在誰面前練習，都要照正式提案的方式做簡報。不要講得像在旁邊解說簡報流程一樣。起初可能有點彆扭，但當你像實際提案一樣練習時，真正的收穫就會顯現出來。只要不嫌場地小，整個世界都可以是你的練習舞台。

◆ **接受丟臉和負面回饋**。大多數人都想逃避負面的回饋意見，這是自然的本能。但長期的成功是源自短暫的丟臉。你的前幾場熱身練習的表現是最差的，請接受這一點，並在讓你沒有壓力的對象面前練習，排除掉失誤。

◆ **不要問：「你覺得怎麼樣？」**熱身練習的目標是，為了獲得最直接的回饋。像湯姆．李醫生一樣，把提問當成醫療工具，要在表象的答案下探查最有用的資訊。向朋友說明一個點子之後，我常會請他們再說一次給我聽。這不僅幫我理解對方是否懂我的意思，也會學到新的表達方式。

◆ **建立你的支持圈**。不要只靠一個人來幫你準備提案。請讓自己身邊聚集一小群值得信賴的人，他們可以帶來不同的觀點、扮演不同的角色，幫你做好爭取支持者的準備。要接納直言不諱、專挑盲點的「切達」，這個人會故意挑你想法的漏洞，有時還會讓你抓狂。但到頭來，正是切達能幫你事先應對潛在支持者的反對意見。

◆ **二十一次法則**。值得相挺的人就像厲害的爵士樂手一樣，早就預料到提案過程中一定會出點狀況。但他們知道，自己已經鍛鍊出足夠的「恢復能力」來順利應對。這種程度的自信來自大量的練習。雖然聽起來有點誇張，但練習二十一次會讓你的「恢復能力」變得強大，足以克服任何卡住或干擾。有人擔心練習太多會讓表現僵化，但事實上，這種做法反而會讓你更自然，台風也會更好。

◆ **打掉重練你的風格**。歐巴馬在國會初選失利後，打掉重練了自己的演說風格，並參選總統。熱身練習可能會讓你發現自己的簡報方式沒有效果。不要放棄夢想，而是要有勇氣打掉重練，換個全新的風格。絕大多數的成功人士都這樣做過。想要證據嗎？找一段你敬佩的人早期的演講，看看他們的溝通風格有何變化。打掉重練自己的風格，是爭取別人相挺過程的重要部分。

步驟7　卸下自我的包袱

◆**說再多，都不如親自示範**。當人們親身示範構想，而不是光用講的，會更有說服力。當披薩應用程式的創辦人從簡報模式，轉為親身示範他的應用程式時，氣氛整個變了，他重新展現活力。所以，只要有可能，請從「簡報模式」切換到「靠攏模式」，在這種模式下，你和潛在支持者可以湊近一起看示範。靠攏模式往往能讓你進入更自然、自在和自信的狀態。

◆**聚光燈要照在「訊息」，而不是「自己」**。當你感受到聚光燈照在自己身上時，要把它轉向自己的構想。記住，你在會議中代表的不是自己，而是你想服務的對象。當麗茲開始將自己視為客戶的經紀人時，她不再汗流浹背，而是吸引了整個會議室的注意。把自己當成為客戶發聲的人，能讓你卸下自我包袱……所以要像查理．帕克一樣，忘我投入，只管盡情演出就對了。

◆**取悅所有人，不如找到真心喜愛的人**。不是每個人都會喜歡你的點子，但這沒有關係，你真正需要的是，少數幾個真心喜愛它的人。去找出這群充滿熱情的人，他們相信你這個人，以及你想打造的事物。依照特定需求調整提案內容，和硬塞入不適合的內容是有區別的。對自己的點子，別輕易妥協，要記住，一定會有其他支持者。

PART 2

近距離學習
值得相挺人士的祕訣

我寫這本書的目標，是讓你可以快速吸收、立刻實踐。希望我做到了。讓文字簡單扼要，最困難的部分是要刪掉數百頁的篇幅，其中甚至有些內容還頗有價值的。正因如此，本書共同作者卡莉和我決定分享幾段我們在對話中反覆提到的訪談內容。我們從中精選出最有價值的片段，也略作編輯，讓它們更清晰易懂。當中有許多見解雖然沒納入本書主文，但至今仍不斷啓發我們思考。

創投家—克斯汀・格林

如何讓你的信念像「刮鬍刀片」一樣鋒利

創投這一行的本質，是要我們尋找那些「今日可行，但在未來舉足輕重」的機會。要拿捏這種平衡，你就得兼具對未來的遠見，以及針對未來十二個月的行動有務實的規畫。每當思考什麼樣的事業值得支持時，我們尋找的正是這兩者之間的平衡。

克斯汀是 Forerunner Ventures 公司的創辦人。Forerunner 已募得十億美元以上，投資了近百家企業，包括早期的成功案例 Warby Parker、Bonobos 和 Glossier。她多次入選《富比士》全球最佳創投人榜和全球百大最具影響力女性名單。我在創辦 Rise、努力摸索品牌經營的方式時，總是有人告訴我：「你一定要找克斯汀談談。」最後，我終於有機會和她談話。

卡莉：妳當初押注了邁克爾．杜賓和一元刮鬍刀俱樂部。可以講講這段故事嗎？

克斯汀：有位共同投資人問我，有沒有聽過一元刮鬍刀俱樂部這家公司？我回答說：「沒有，這是什麼公司？」他簡短介紹了一下，其實就是一家在網路上賣平價刮鬍刀的公司。我馬上就回說：「哦，我沒興趣。」

卡莉：為什麼？

克斯汀：單價低的商品通常很難經營，因為利潤微薄，所以難以支撐我們認為很重要的投資項目，比如基礎設施、優質客服，以及品牌建立。更關鍵的是，這個市場的競爭已經非常白熱化，像吉列這樣的市場龍頭不但資金雄厚，還有強大的行銷實力，是難以撼動的對手。

卡莉：聽起來妳一開始並沒有太大興趣。是什麼改變妳的想法？

克斯汀：很巧，大概兩、三天後，我去參加一場晚宴，結果有人介紹邁克爾．杜賓給我認識。

卡莉：這麼剛好？

克斯汀：嗯，算是碰巧遇到吧。畢竟這個圈子很小，這次晚宴安排的三十位來賓，本來就是投資人或創業家。那是二〇一二年二月在舊金山的一場聚會。我和邁克爾才聊不到十分鐘，心裡就冒出一個念頭：「我要怎樣才能投資他啊？我一定要和他做生意。」

卡莉：哇，是什麼事讓妳改變心意？

克斯汀：這件事滿有意思的，因為整個關鍵就是邁克爾把它講得非常生動。少了那層詮釋，根本無法激發我的想像。

桑尼爾：妳還記得那十分鐘裡談了什麼？

克斯汀：這是六、七年前的事了，所以原諒我沒辦法一字不漏地重現，但大致內容是這樣的：我問他：「哦，所以你在賣刮鬍刀？」他立刻講起一段客戶的故事，展現出他對目標客群的觀點和解讀，並了解客戶的演變歷程與偏好轉變。他說明得很具體：「有些男性開始主動掌控自己的購買決策，更有意識地參與自己的消費選擇。他們就像其他人一樣，會上網閱讀、獲取更多的資訊。其中有一部分內容與健康、保健、美容、自我照顧有關，也包含了該領域中有哪些現有產品，又有哪些產品還找不到。因為上網搜尋與關注，促使他們走進藥妝店沃爾格林（Walgreens），考慮自己的刮鬍產品。然而，他們卻遇到阻礙，因為架上的商品看起來都像是過時的老款。根本不像他們平常接觸的其他品牌和產品那樣，引發共鳴。搞不好東西還得請店員來開鎖才能拿，讓人打從心底覺得麻煩。」

說完他接著建議：「我認為，整個體驗要重新構思，要放在現今的市場和客戶的情境下來看。現今的客戶想在自己家裡或數位裝置上，以隱密又便利的方式購物。客戶也希望品牌用一種能打動他們的言語對話。」

桑尼爾：這次談話是否改變妳對刮鬍刀這門生意的看法？

克斯汀：重點其實不在刮鬍刀，而是客戶，以及該領域的商業模式正受到的挑戰。我甚至忘了那句「為什麼是刮鬍刀？」是第一次談話時說的，還是之後才聊到的：不過我記得他當時講起刮鬍刀的故事。他是這樣說的：從某個角度來看，刮鬍刀是一個很好的開場話題。因為它是每個男人都會用到的東西。像洗面乳、保濕霜、防曬乳這類產品，不見得每個男人都會用，但男人大多會用刮鬍刀，而且我想大家多多少少都質疑過刮鬍刀的價格。所以，這只是一個開啓對話的切入點，但背後更大的目標，是解決男性日常理容的需求。

卡莉：妳和他才聊了十分鐘，就知道要投資他，我超佩服。妳通常都是這樣嗎？

克斯汀：這段話可能不太適合寫進你們的書裡，不過我們就私底下講講……很多時候還真的是這樣。你很多時候就是會知道自己對什麼有熱情、會興奮。說真的，有誰帶來的構想，是真的讓你完全沒概念、連一點感覺都沒有的？很多時候，你心裡其實本來就偏好這類構想，只是你可能沒發現而已。

卡莉：聽起來他把整個構想說得非常動人，感覺整體後勢看好，幾乎勢不可擋。但這樣會不會出問題？比方說，願景太宏大，讓人覺得不可信？

克斯汀：事情永遠都有可能出錯，對吧？創投這一行的本質，是要我們尋找那些「今日可行，但在未來舉足輕重」的機會。所以要問的是：事情的發展方向是什麼？這得靠你從眼前的跡象預判，並相信它會隨著時間慢慢浮現出來。你必須能夠在當前就看出：已經有足夠的支持、足夠的理由可以相信，未來會有一定數量的關鍵族群開始採用這個構想。要拿捏這種平衡，你就得兼具對未來的遠見，以及針對未來十二個月的行動有務實的規畫。每當思考什麼樣的事業值得支持時，我們尋找的正是這兩者之間的平衡。

桑尼爾：你如何在夢想和計畫之間找到平衡？

克斯汀：這必須經過深思熟慮。你提案時，帶著一個宏大的願景。你能談論市場的變化、你注意到的有利趨勢。你可以預判未來會如何發展、你的公司會扮演的角色。接著，你要思考如何將這個願景轉化為最初階段的行動，例如：「我們正在募集X美元，因為第一步就是證明我們可以雇用四個人、完成這個產品的概念驗證，並在市場上進行測試。」接下來就是：「我們已經在市場上做了一些測試，收到了初步的客戶回饋，現在也累積了足夠的數據點，知道接下來要把資源投入哪些地方：是繼續優化產品，還是開發新版本？也準備開始投資於行銷活動與銷售通路上了。」這時我就知道，你不只有一個願景，還清楚知道，從A點走到B點的過程中，需要做很多繁重的工作。你也已經思考過在這個階段要先驗證哪幾件事。

桑尼爾：這簡直可以當成所有創業者提案時的標準架構。妳認為為什麼很少人會用這種模式？

克斯汀：我想，有時對自己的業務太投入，就很難判斷哪些是該抽出來強調的重點，哪些又是陷得太深的細節。結果就是，在提案中，你花掉寶貴的篇幅在講一些其實可以留到後續再談的事，卻沒有回答這個問題：「這是一個有遠見的構想嗎？」還有我覺得，有時為了追求簡潔，反而會講太少，結果錯失傳達願景的機會。

卡莉：有些人的提案方式，為什麼會讓人覺得不值得相挺？妳有觀察到哪些常見的錯誤？

克斯汀：很少有人能把整個構想講得清楚又全面。每個人都有自己的強項，在經營和推銷一項業務時，最自在安心的做法，就是依賴自己最熟悉的優勢來發揮。因此，有時候提案內容就會失衡。有些人會用偏重策略、功能導向、以數據為主的方式來介紹一個商機，但這樣的提案可能就無法打動我，甚至讓我懷疑，這位創辦人是否有能力吸引別人一起來實現這些結果。另一方面，有的人會過度著重在創意，整場提案大多只關注呈現的美感，或是宏大的願景，但在策略層面上，卻只有骨架，沒有實質內容。對我們投資人來說，這反而提供了一個觀察窗口：「好，你有哪些地方需要補足？」接下來的提問重點，就會轉向理解「這個人有多少自覺」。

桑尼爾：妳能指導那些偏好數據、講究具體內容的人，去思考願景層面的事情嗎？

克斯汀：我認為，人是可以被引導去擁抱自己願景的，並在當中變得更有自信，敢於放膽發展這個願景。大多數時候，這個願景的雛形早就存在了。當我根據你提出的問題來思考「有遠見的人」是什麼樣子時，我想到的是這個人能看到正在發生的轉變，並試圖用一個更好的產品或解方來因應這個轉變。這個人有能力把看似無關的線索連起來，然後以旁人想不到的方式推動它們向前發展。這種人很罕見，我也不認為我們支持過的創業者，在第一天進來的時候都有這種能力。但他們展現出的是一種「想成為這個領域一分子」的雄心壯志，而且有足夠的天賦智慧、好奇心和熱情，讓我可以毫不猶豫地相信，他們會在過程中有新發現，並深化與拓展自己的願景。沒有人第一天就知道所有的答案。我真正想看清楚的是：這個人是否會持續尋找方法，讓他們的事業日漸產生更大的影響力。

娛樂公司高層與投資家—彼得．錢寧

身歷其境的力量，讓《鐵達尼號》得以實現

你必須想盡辦法說服我，或是那些當權者。如果你真的相信某個構想，就必須不惜一切代價，讓我們願意去實現它。要是覺得我錯得離譜，你甚至還可以發狠去停車場燒了我的車。如果你沒有使出渾身解數……那就得怪你太輕易放棄了。

彼得曾是二十世紀福斯公司董事長與執行長，在他任內，該公司推出了影史票房最高的兩部電影：《鐵達尼號》和《阿凡達》。我們最喜歡的一個故事，就是詹姆斯．卡麥隆最初如何向彼得提案拍攝《鐵達尼號》的構想。離開二十世紀福斯公司之後，彼得成立了錢寧集團，製作了《遺落戰境》和《賽道狂人》等電影，並投資了Pandora（音樂串流平台）、The Athletic（體育新聞媒體）和推特等科技公司。我們這次談的是：從投資人與創業者兩個角度來看，在不同產業中，什麼樣的人會讓人想挺他們。

桑尼爾：你的職涯是從圖書編輯開始的，也許我們可以從這裡聊起。你有沒有想過寫一本書？

彼得：感覺太辛苦了，根本是在做苦差事。

桑尼爾：每天都有人來向你提案。我很好奇你偏好和不喜歡哪些類型的構想？什麼樣的構想最讓你反感？

彼得：我最受不了的，就是那種帶著酸言酸語調調的構想。意思就是用一種「這個點子其實蠢得要命，但反正外面就有傻子喜歡」的心態做出來的東西。這完全踩到我的雷。

接下來讓我感冒的，就是「平平無奇」。人總是在生活中尋找刺激。從人性來看，人天生渴望探索與發現。人類本來就好奇、沒耐性，很容易感到無聊。大家一直在找讓自己感覺新鮮、刺激的東西，這就是我擔心「平平無奇」的原因。我腦中總是浮現的畫面是：當一個人聽到一個新點子的反應。如果他的反應是：「這我早就看過、聽過了」，或者覺得它跟其他十本書、十部電影、十家餐廳都差不多，對我來說，這就像宣判死刑一樣。

相反的，如果這個人的反應是：「哇，那是什麼？聽起來好怪、好刺激、好有趣。我不想錯過，我想成為第一個體驗的人。」有這樣的反應，代表這個點子很讚。

桑尼爾：這會不會讓提出點子、做提案的人很為難？因為最大膽、最瘋狂的點子，往往也最難讓人接受？

彼得：當然了。但那又怎樣？這些點子確實最難推，但我認為，從某種程度上說，它們也是最優秀的創意人和創業家最感到興奮的構想。這類高難度的點子，最簡單的提案方式就是：把你的興奮之情傳達出來。你得想辦法讓對方明白：為什麼這件事會讓你這麼興奮，並讓別人也跟著興奮起來。

桑尼爾：在提案中，熱情能發揮什麼作用嗎？有些人一興奮，情緒全寫在臉上，但如果你不是這種人呢？如果你比較內斂、偏B型性格的人，卻有很大膽的點子，那該怎麼辦？

彼得：我漸漸覺得，熱情是一種了不起的能力，而且是一種具有強大感染力的能力。對父母來說，最棒的教養方式，就是讓孩子學會對事物懷抱熱情。我認為，每個人在提案、推銷、討論自己相信的事物時，表現方式都不同。你必須忠於真我。

我覺得很多人有時會犯一個錯誤，就是說：「我有點害羞，所以不擅長推銷。」但我不認為，所有的說服或提案都必須極度外向才做得來。你最有說服力的時候，就是在忠於真我的時候。如果你是一個特別善於分析的人，那麼透過分析來解釋你為什麼會相信一件事，可能最有說服力。如果你是一個特別活力充沛、熱情洋溢的人，展現熱情也可能是你最好的方法。

安靜的人——你可能不信，我大概也算這類人——最有說服力的方式，就是真誠。只要用真誠的方式，表達讓你感到興奮的原因就可以。很多不善交際的人會以為：「我不太會推銷，這不適合我這種個性。」但一般來說，最有說服力的銷售人員或提案者，是那些超級真誠的人，他們深思熟慮，努力表達為什麼某些事讓他們感到興奮。

桑尼爾：這很有意思；你不認為自己是外向的人，卻身處在一個看起來本質上非常外向的行業。你在職涯早期是否學到什麼技巧，讓自己在任何環境都遊刃有餘？

彼得：也沒有，我不確定自己是否學到這件事。我想，我對自己相信的事本來就懷有真誠的熱情，而我學到的是，如何將這份熱情表達出來。比方說，我從來不會用唬爛的方式來表達自己的熱情。我總是非常誠實地說出自己為什麼相信這件事，也會很坦白說出我認為的風險。我認為，這份誠實最後反而更有說服力，因為別人會覺得：「哇，他不是在唬弄我。」我認為，當對方覺得你在向他們推銷時，就容易起防備心、防衛與築起心牆。所以，我所說的真誠，有一部分是指他們願意說：「這真的有風險，我也可能是錯的，但我之所以熱愛這個點子，是因為……它確實有很多可能會失敗的地方，但我相信它能成功，是因為……」當你願意這樣表達時，會大大增加自己的可信度。

沒有人會說：「天啊，這是有史以來最讚的點子，我保證它一定會成功。」這種提案反而是最糟的。我覺得，有自我覺察力的人，非常有說服力。有趣的是，我們現在正討論一項投資案，我們形容主導這個案子的創業家是：「他有點自負，有點滑頭，但我們喜歡他的一點是，他的自我覺察力很強，也不會不懂裝懂。」這樣的人，反而讓人信服。

卡莉：這種自我懷疑、自我覺察、自我調侃之間的平衡，在成功的提案會中經常出現嗎？

彼得：我發現，這種方式會立刻讓人解除那種「你在唬我」的防備心。我來講個和提案無關的事，但那次經驗讓我學到了一課。還記得當初我們要拍《鐵達尼號》時，它可是有史以來耗資最高的電影，我一點頭答應開拍就等於承擔巨大的風險。我同意製作時，抓的預算大概是一·一億至一·一五億美元，結果我們最後超支了一·一億美元。也就是說，我們超出的預算，比當時任何一部電影的總預算還要高。當時我的職位是電影製片廠的董事長兼執行長，頂頭上司是魯柏．梅鐸（Rupert Murdoch）。那時梅鐸住在加州，他的辦公室就在我對面。這部電影開拍初期，我就養成一個習慣——每當聽到壞消息（那段時間我聽到的壞消息可不少，而且每週聽到的都是超支三百萬到五百萬美元的壞消息），我就會去對面報告。

我會說：「聽著，事情剛發生，我們清楚原因，也擬好接下來的應對方式。我不敢保證一定有效，但我覺得這是目前最合適的應對方式。」結果，這種做法非常有效，因為他從來不覺得我在對他隱瞞問題。他一直認為我對問題非常坦誠。我並沒有說：「唉，我也不知道該怎麼辦。」而是說：「我認為我們應該這麼做。」我沒有說：「我知道所有的答案。」因為我明明就不知道。

卡莉：為什麼你認為這種方法如此有效？

彼得：我認為，主動坦白問題，讓我贏得別人極大的信任。我總是告訴我的團隊：「我跟你們說喔，不用特別跑來報好消息。放心，好消息自然會傳到我耳裡。我要知道的是壞消息，而且要第一時間知道。」而且，別人對你的評價，多多少少也會根據你面對壞消息時有多坦誠、是否不隱瞞。只要夠坦誠，我相信你——我就會成為你最大的支持者。但只要你對我隱瞞壞消息，我就不知道該怎麼支持你，因為我又怎麼可能信任你？雖然這和提案時的情況不完全一樣，但背後的道理很相似：在提案時，一個人的可信度，往往取決於他有多坦誠。其實，支持一個點子，你本來就是在承擔風險。但如果你能建立起可信度，就能消除一大堆原本的障礙。要讓人信得過你，最直接的方式就是坦誠、不隱瞞地說明風險是什麼、你如何看待這些風險、你有什麼擔憂。我相信，一個人願意表達對事物的緊張和顧慮，本身就非常有說服力。因為這表示，這個人真的是深思熟慮，對我也是坦誠、不隱瞞，而不是滿口天花亂墜，什麼都說「一切超棒」。這是你要克服的巨大障礙，因為如果沒有先跨過這道障礙，接受你點子的人就得自己做那堆判斷工作：他們真的清楚知道風險嗎？我可以相信他們嗎？他們真的對自己誠實嗎？他們是可以一起熬過難關的好夥伴嗎？

很多人想說服別人，往往都沒想過這一點：不隱瞞、謙虛，以及真誠表達自己的顧慮，其實能讓你贏得很大的信任。而且說到底，任何人要願意支持一個點子，最終看的，還是你這個人能不能信賴。

桑尼爾：當初詹姆斯．卡麥隆向你提案《鐵達尼號》時，身上也有這些特質嗎？

彼得：吉姆（注：詹姆斯的暱稱）擁有所有傑出電影導演都有的一種特質——強到驚人的自信。因為這種規模的拍攝非常艱鉅，你一定要有真正的信心。他不會只是無助地說：「天啊，我們可能會超出預算一億美元。」他相信自己有能力解決問題。我記得《鐵達尼號》的提案真的很有趣。從許多方面來說，這大概是我參與過最令人難忘的一次提案。吉姆當時來我的辦公室，我們坐在沙發上，中間隔著一張咖啡桌，我們大概聊了三個小時，都是關於鐵達尼號的事。其中六〇%是在聊這段歷史，其餘的三〇%或四〇%才是聊這部電影。他對這艘船的了解，簡直驚人，聽他講真的令人著迷。舉例來說，如果你是頭等艙裡的女性，就有九九．九%的生存機會；因為有超過九九%的頭等艙女性倖存下來。如果你是三等艙裡的男性，生還率大約只有三〇%。另外，我忘了是左舷還是右舷，反正就是船的某一側比另一側的存活率高出約四〇%。主要是因為那一側在放下救生艇、安排乘客登船時比較有秩序。而另一側是陷入一片混亂。

桑尼爾：如果有人的提案，你當場不認為是好點子時，他們要如何改變你的心意？

彼得：讓我改變心意的，是他們的可信度，以及我相信他們嗎？我以前經常對那些在創意領域和我共事的人說：如果有個好點子被我否決了、公司最後也沒採用，那是你自己的錯。我錯過一個好點子，不是我的錯，是你讓我錯過的。你必須想盡辦法說服我，或是那些當權者。如果你真的相信某個構想，就必須不惜一切代價，讓我們願意去實現它。

桑尼爾：有沒有人曾經為了捍衛自己的點子，站出來反對你？

彼得：我來跟你說說《X檔案》的事。我當時完全搞不懂這部劇在幹什麼，甚至覺得這是我聽過最蠢的點子之一。當時電視台的戲劇部門主管鮑伯．格林布拉特（Bob Greenblatt）是非常值得信賴的人，我非常信任他。他不是那種別人說什麼就照單全收的人。他一直和我爭論，一直說：「聽著，我認為你錯了，這是我認為你錯的原因……」

聽著，我認為，針對這類的職位，你要要建立一個能讓人據理力爭的「倡議」制度。你會希望身邊有一群人會真的相信自己的點子、願意為這些想法而戰，也願意聽你怎麼看這些點子。而且，在你更明智地提出他們無法反駁的見解時，他們也願意放棄這些點子。

這一切基本上都是主觀的。你是在下賭注。因此，根本沒什麼客觀標準——坦白說，這一點在大多數的新創公司裡也都是如此。因為你要評估的東西本來就還不存在，所以你得建立一套制度，來測試兩件事。第一，這個人有沒有經過深思熟慮：他們真的想清楚了嗎？能不能應對你的反對意見？他們願意聽你的反對意見嗎？他們有興趣聽嗎？第二，你要測試他們的熱情：他們真的相信嗎？他們真的願意為它奮戰到底嗎？這兩點，是我認為你最應該著眼的關鍵。

桑尼爾：你如何測試一個人的熱情？

彼得：你就告訴他們：「這是我聽過最愚蠢的構想。」然後觀察他們的反應。同時，你也營造一種環境，讓大家互相支持，但又能直言不諱。沒有人會事事都對。你需要的，是深思熟慮的人。這些人會聽取意見、為自己相信的事奮戰、努力說服你、持續爭取、繼續推動下去。針對自己不相信或無法堅持下去的事，他們也會說：「也許你是對的，我可能必須放棄這個點子。」

桑尼爾：這就是《X檔案》的情況嗎？

彼得：格林布拉特有權在未經我批准下訂購劇本。當時他跟我說要訂購《X檔案》的劇本，我就說：「這是個蠢主意，但還是去做吧。」拿到劇本後，我讀了一遍，心想：「這太扯了，我完全看不懂。」我們兩人為此爭論不休，他比我更熱情。我非常相信他，覺得他是我認識的最聰明的年輕人之一。我最後說：「聽著，如果你這麼相信它，就去拍試播片吧。」你先不要一次拍整季，只拍第一集就好。

看試播片時，我仍然看不懂。但大多數人都超愛，所以在那一刻，你應該保持開放的心態又充滿好奇心地說：「哇，這看來真的有看頭，因為大家似乎都很喜歡，顯然是我錯了，我們應該把它播出來。」

看到這部影集的人越多，就越清楚格林布拉特是對的，我是錯的。這就是我想建立的制度。

桑尼爾：我們反覆談到信念的重要性。但你要押注的點子都是全新的。在還沒有很多證據顯示這個點子會成功時，你如何建立真正的信念？

彼得：這需要整合兩件截然不同的事。一方面，你的信念應該完全出自分析。也就是說，你應該已經研究過商業計畫，對市場有深入的思考，也真的對這個市場很好奇。你有一連串的分析性工作要完成。

然後，還有一整套完全相反的事，基本上是一種直覺。我期待的是：被打動、感到興奮、激發情感共鳴、酷炫的東西。如果覺得這是自己聽過最酷的事情，我就會聽從這個直覺。譬如你會說：「嘿，我認為這是一個值得支持的想法，我已經做了所有的分析，但說到底，我真是愛死這個點子了，覺得它超酷、太讓人興奮了。」

桑尼爾：你說過，我們都低估了當個創造者承受的恐懼，因為你必須把自己很多面向攤在大家面前。對於想要成為創業家或在大型組織中擔任領導者的年輕人，你有什麼建議？

彼得：我在哈佛商學院的一場演講中曾說：「很可惜，你們從小到大都被訓練去做兩件事：聽話和取悅大人。」

基本上，這就是我們目前教育制度著重的事。你最好要非常聽話，按照老師的吩咐去做，準時交作業，努力準備考試，並想辦法取悅一群有權威的大人。可是一旦踏入社會，成功靠的是完全相反的能力——要顛覆常規、要有膽識、要敢為自己相信的事奮戰。顛覆，是聽話的相反。如果念的是哈佛商學院之類的學校，你可以過上不錯的小日子，但你無法成為那個真正創造巨大影響力的人。你要想清楚，如何真正為自己的信念而戰。你要願意打破常規、願意提出不受歡迎的想法、願意承擔巨大的風險……這些才是我認為大學生現在就該開始思考的事。

我認為，這對我們的教育制度來說是一個真正的挑戰。從孩子七、八歲開始，一直到高中畢業進入大學，我們灌輸他們去做的那些事，不見得是最有價值的方法。最有價值的方法是：跳脫思維、敢於顛覆、勇於冒險、大膽，以及富有想像力。

桑尼爾：是啊，也許這就是你該寫的書，彼得。

彼得：嘿，商學院的院長告訴我，我應該把它寫成一本書。我的回覆跟剛剛一樣。

企業家—亞當·洛瑞

不是追逐綠色潮流，而是看見永續未來

當初為美則募資真的超級難，因為這個產業的特性、資金取得困難，再加上我們那時候才剛從一場嚴重的經濟衰退走出來，消費性產品也不太吃香。但我們還是咬牙苦撐。最後，靠著一點一滴慢慢湊，才總算籌到讓公司撐下去的資金。

亞當是美則的共同創辦人，該公司是講究設計感與美學的清潔產品公司，之後賣給了莊臣。後來，他又共同創辦了瑞波食品，是一家植物奶品牌公司。對於「點子必須讓人覺得勢在必行」這個觀念，亞當是最早重視它的代表人物之一。這個世界正在發生什麼事，你有何因應的點子？就像許多故事一樣，美則的開始與結局完全是不一樣的故事。

卡莉：是什麼因素讓美則與眾不同呢？是什麼讓這個點子得到支持？

亞當：我們結合設計與永續兩個理念，創辦了美則。我們真正想談的是一種家居生活風格。我們發現，人們對住家環境的用心程度與清潔產品領域之間，存在巨大的落差。我們會投注大量心力與思考在家居空間的整體風格與品味打造。可是在清潔產品上，全都是一些有如「核彈級」的毒性化學物質，你得把它們藏起來，免得小孩誤觸中毒。

我們那時候討論的，是讓清潔產品成為家居擺飾，能夠大大方方放在廚房檯面上，成為家居的一部分。像洗碗精這種東西，每天有二十三小時四十五分鐘都只是擺在流理台上，真正用到的時間只有十五分鐘。它應該要能和你的家居風格相襯。

卡莉：所以，你們才推出「設計感清潔產品」？是什麼跡象讓你與投資人看出這個點子勢在必行？

亞當：說來可能有點難以想像，因為那已經是很久以前的事了，但在當時，像Restoration Hard-ware、Pottery Barn、Williams-Sonoma等品牌正值顛峰。人們開始追求所謂的「設計感」——我姑且用這個詞，其實意思是：在你的生活空間中，精心打造出高品質的生活空間。

我們當時看到，消費者對這些事情的需求正在升溫。剛好那時也碰上一場經濟衰退。二〇〇〇年正是網路泡沫破裂的時候，人們一度興起所謂的「築巢心態」。他們會說：「好吧，既然景氣不好，那我就少出門用餐，但我還是想添購一些家用品，稍微寵愛一下自己。」所以，這波趨勢是由兩股力量推動：一方面是長期的文化，也就是人們把家居空間視為一種生活風格來打造；另一方面是短期的經濟壓力，促使人們把更多心力放在家居生活上。

你也開始在媒體上看到這個趨勢。像《Real Simple》之類的媒體，基本上是在為「家居」創造出一個新的分類。這些都是文化指標，顯示消費者觀念確實正在改變。

卡莉：你看出了這個轉變正在發生。你如何向投資人描述這個轉變？

亞當：我們當時稱這股趨勢為「家居生活風格化」。我們很早就做了一本品牌手冊，甚至在真正準備好募資簡報之前就有了。它其實是將一個概念具體化：在清潔用品領域中打造一個生活風格品牌。這在當時是很大膽的想法。有人就質疑：「你們到底在搞什麼？清潔用品講究的是強效、有力，還有鮮豔包裝啊。」可是我們提出的是一種更柔和、更符合生活風格的做法。

桑尼爾：這是我第一次聽到對投資人提案時使用品牌手冊。一本好的品牌手冊有什麼特色？你們的品牌手冊裡有什麼內容？

亞當：你可以把它想像成強化版的品牌風格指南。我們用它來闡述當時正在發生的一些宏觀趨勢。我們的假設是，這個市場領域即將發展起來。整份資料著重在消費者，並以消費者的視角出發。我們觀察到這些趨勢背後深層的消費心理與文化脈絡。我們的假設是：這些變化會在家居用品領域中創造出新的機會，因為這是一種漸進式的發展——從你的住家、你擺放在家裡的物品、你周圍的事物、再到你擦在身上的保養品。然後我們就從這些脈絡推論出：「嘿，下一個合理的發展方向，就是清潔領域。」

接著我們清楚勾勒出這個品牌的形象。當時強調的一大重點是：「你在這裡打造的品牌，必須與美國家用清潔品牌 Kaboom 截然不同。這個品牌不會強調去污力和立即見效，也不走那種用電視分割畫面比較噴三下和噴四下效果的廣告套路。這會是一個完全不同的品牌主張。」我們勾勒出的美則品牌，是從公司的名字 Method 出發，它的核心不是「強效」，而是「方法」或「技術」。我們最初的品牌理念就是：採用永續、環保的配方，以無毒、無害、適用於住家環境、不會損害任何材質表面的方法達到清潔效果——這些正是當時人們短期內特別在意的事。

卡莉：很多人會直接著眼於競爭局勢和市場差異化。你們為什麼從宏觀趨勢切入？

亞當：對許多創業家來說，重點都是先有產品，然後才去思考用什麼策略將它轉變成一門生意？我們卻反其道而行。我們的起點是先察覺到有些事情即將改變，而且存在一個很大的機會。如果我們只是賣比汰漬（Tide）更多的產品，就永遠不會贏。

卡莉：你在提案時，聽起來是主打設計，而不是永續。為什麼？

亞當：在早期，由於商業氛圍和文化，我們幾乎得刻意隱藏永續這一塊。綠色清潔領域裡，在當時主要都是一些標榜天然、有機的品牌，是非常小眾的市場。因為這個市場還不夠大，所以你主打「嘿，我們要徹底顛覆綠色清潔市場」，恐怕不太吸引投資人。畢竟，當時有九六%的人根本不買綠色清潔用品。我們的目標是用一款剛好符合永續設計理念的產品，來打動他們。

卡莉：你當初決定不主打品牌中的永續訴求，會不會很掙扎？它明明是你很看重的部分。

亞當：不會，不會，一點都不掙扎。這個決定是策略性的，也是出於理念，而且這是我的個人理念。我認為，永續不該當成一種行銷定位。永續，只是產品品質的一個面向，以及反映生產這些產品的公司本身的素質——就這樣而已。永續這件事，你要麼就是有，還做得很到位。不然就是你根本沒有。如果我們從一個「大多數商品都不講求永續設計」的世界，正在走向一個「一切都是以永續設計為基準」的世界，那麼單單說「我們是綠色商品」並無法彰顯差異。我們從不在包裝正面印上一片綠葉，並宣稱這個產品「環保愛地球」。因為當大家都標榜「環保愛地球」，你和別人有什麼不同？因此，對我來說，產品的永續性只是產品品質的一個面向，這一點非常重要。因此，我們扛起自己的責任，盡自己所能，要做得比其他品牌更好。

桑尼爾：能帶我們回顧一下你募集第一輪資金的時候嗎？

亞當：二〇〇一年底的時候，由於傳統供應商通路根本沒有人願意理我們，所以我們只能像送報紙一樣，一家一家送貨給二十家商店。我們只是兩個在舊金山做清潔用品生意的小夥子，資金快燒光了。銀行帳戶一度只剩下十六美元，但我們欠供應商的帳有三十萬美元。我們沒錢付，所以供應商說：「既然這樣，我們就不再替你們生產了。」

當初為美則募資真的超級難，因為這個產業的特性、資金取得困難，加上我們那時才剛從一場嚴重的經濟衰退走出來，消費性產品也不太吃香。但我們還是咬牙苦撐。最後，靠著一點一滴慢慢湊，才總算籌到讓公司撐下去的資金。

桑尼爾：從許多方面來看，外界的懷疑也不是沒道理。你們當時只個兩個二十多歲的年輕人，也毫無經驗可言。你是怎麼說服他們的？

亞當：原因有很多。我們的產品已經上架，也真的賣出去了。更重要的是，靠大量的溝通。你等於是在接受一場場面試，對方在觀察你的熱情、投入程度，以及你的能力。

我在創業前其實是氣候科學家，聽起來和這一行好像八竿子打不著，對吧？但關鍵就在這裡：我要讓他們相信，來自圈外的觀點其實是優勢，不是劣勢，對於實現這樣的策略反而是加分。事實上，大公司通常完全看不見這類創新，因為他們是根據「未被滿足的需求」來劃分市場，但這類創新從來不會出現在這種「未被滿足的需求」清單上。關鍵在於，要讓人理解我們這個圈外觀點與採取的策略，其實並非不利，反而是必要條件——因為唯有這樣，我們才能做出與來舒（Lysol）、Windex 和 Fantastic 等品牌完全不一樣的產品。

卡莉：你最近創辦了一家新公司——瑞波，推出植物奶。你是如何說服投資人支持這個點子？

亞當：人們轉向以植物為主的飲食已是大勢所趨。多數轉向植物性飲食的人，未必是吃純素或蛋奶素的人，他們是彈性素食者。這些人不會為了選擇素食而犧牲營養和美味。

因此，我們提案瑞波的產品時，核心的主張是：全球正在走向植物性飲食，如果我們要抓住這股潮流帶來的機會（無論是環境、人體健康和商業發展上的機會），那產品在風味和營養上就一定得和乳製品一樣好。瑞波這家公司的核心，就是建立在這個理念上。

桑尼爾：怎麼說服別人相信你的點子真的有市場？

亞當：從品牌的角度來看，這與清潔領域類似。我們剛進入清潔領域時，每個品牌都著重在「問題與解決方案」的邏輯。像Windex主打擦完玻璃不留水痕，對吧？這個訴求與生活風格無關。至於我現在這個領域裡，幾乎所有其他品牌都著重在某項成分。Almond Breeze（杏仁微風）和Oatly（歐特力，意為燕麥奶）兩個品牌的名稱，都是以成分命名。但成分的流行會來來去去。因此，如果你把品牌建立在一個成分上，我認為，這不是一個能長久持續的品牌定位。像現在杏仁不流行了，Almond Breeze要怎麼辦？

你真正要做的是，以這個領域中「真正重要的事」為主軸，來打造品牌。瑞波這個品牌，並不是用任何成分名稱來命名，我們也不會將成分當成購買理由來訴求。我們想打造的是一個更具長遠性的品牌主張，用來因應這個品牌在未來成長上真正要面對的問題。創業不是做個三年、五年就結束的事，而是一個長遠的承諾。

顧問、投資家和企業家——提娜・夏基

扮演人類學家的重點不在觀察，而是同理心

深切的同理心是一個非常關鍵的因素。是同理心，而不僅僅是觀察。觀察只是得到資料，但同理心真正的意義在於與他人同行，理解的不只是痛點，而是他們如何過生活。

提娜是iVillage（女性網站）和Brandless（專售無品牌名產品的網購平台）的共同創辦人。她曾擔任BabyCenter（懷孕與育兒資訊平台）的全球負責人和集團總裁，並領導過美國線上旗下多個事業部。她也是芝麻街工作室數位部門的前總裁，目前是美國公共電視台和IPSY（美妝訂閱平台）的董事會成員。在大公司和新創公司中，她都見證過「具備值得相挺特質」的人如何成功，而她的關鍵心得始終如一。「沙發上的人類學家」這個詞，正是她替我們想出來的。

桑尼爾：我和願意力挺別人的人士交談時，大多數人都說，他們在尋找的是一種「篤定感」。對妳來說，這種篤定感的含意是什麼？此外，一個人是否必須先說服自己？

提娜：我認為「篤定感」這個概念百分之百成立，任何形式的相挺者，例如：選民、領導人，都需要在他們打算支持的人身上看到這一點。「先說服自己」簡直就像是一趟養成篤定感的旅程：你是如何形成這種篤定？什麼樣的見解促使你渴望去做這件事、挑戰難題、解決這個問題、改良現狀、調整辦公系統，或者修正任何你想完成、建造或實現的目標？

桑尼爾：妳如何察覺到這種篤定感？妳會觀察什麼？

提娜：我會看他們在這個領域是否有經驗，無論是個人的還是專業方面。再來，他們是否懷有深切的熱情，真心想為自己要服務的社群解決這個問題。然後，我很看重他們能否提出根據事實、非常有說服力的論點，說明這個問題或機會為什麼非解決不可，以及為什麼他們是合適的人選和團隊。最後，為什麼是現在？為什麼以前沒有人做過？

桑尼爾：這正是面對新人和新點子最難的一點。一方面，能改變世界的，往往就是這些沒被驗證過、卻提出新點子的人。但另一方面，因為他們還沒有實績證明，新點子又充滿風險，也很難讓人願意賭下去。

提娜：他們未必非得是驗證過的人，也不必曾做過這件事。你必須相信的是，他們有完成這件事所需的條件。他們觀察到別人沒看到的事，也擁有別人沒有的特質。你要相信，他們能解決別人無法解決的問題，或是打造出更好的解方。

桑尼爾：妳畢竟參與過很多不同的專案，也經歷過各種狀況，對妳來說，剛剛提到的那段「篤定感的旅程」是什麼樣子？

提娜：我喜歡解決問題，讓事情變得更容易，也熱衷於發掘消費者行為和社會規範中的重大變化趨勢。即使這些轉變最後應用在企業領域，本質上說的還是人的習慣，以及他們互動方式和消費模式的演化。人終究就是人。我就像個坐在沙發上的文化人類學家。我熱愛研究人與文化、人們生活方式的差異、跨世代的習慣如何改變，以及這些改變如何層層累積，最終在消費端和企業端中帶動全球市場的格局轉變。

桑尼爾：可以舉個例子說明妳的意思嗎？

提娜：看看穀片市場吧！這是一個規模龐大的市場、全球普遍接受，也有不少上市大公司在生產與配銷，但如今穀片銷量急劇下滑。人們已經不像以前那樣吃穀片了，而這些穀片公司正想盡辦法挽回客戶。大家普遍認為其中一個原因是成分內容，像是糖分，以及我們都知道的麩質。但在我看來，這不是人們不吃穀片的原因。真正的原因在於：我們從小就被文化灌輸了「穀片是早餐食物」，對吧？你會拿出碗、倒穀片、加牛奶、拿勺子、坐下來，一邊吃一邊讀盒子背面的內容。你可能還記得小時候讀穀片盒子背面的事。但現在的人吃早餐是單手進行的，因為另一隻手在滑手機。他們大概根本不會倒牛奶、放穀物進碗裡、也沒有坐在餐桌前。他們多半在滑手機，只空出一隻手，還急著要出門。當我產生篤定感時，不只要看清楚為什麼我認為這個機會應該存在——無論它是一個解決方案、產品、服務。我還要明白：為什麼是現在？我從哪些跡象看出有些人已經準備好迎接這種變化？又有哪些人其實早就改變了，只是市場還沒跟上他們的腳步？我尋求的篤定感，不只是相信這個產品能做出來、而且還要確信，有大量的人願意接受這個產品，甚至人人都想要。

桑尼爾：因此看起來，真正的篤定感包含兩個要素：對大規模採用的信心與對產品本身的信心。在某些情況下，產品可能很有巧思，但我們還沒看到有跡象顯示人們已經準備好採用它。那麼，人們需要拿什麼證據給妳看？簡報時，什麼樣的關鍵投影片才能讓妳相信：這是勢在必行的趨勢？

提娜：我希望看到真實數據，證明市場已經轉變，以及人們的行為出現變化，因此留下了一個需要填補的巨大缺口。

桑尼爾：那能不能舉個例子，說明哪家公司是因應人們必然的行為改變而誕生的？

提娜：時尚服飾租賃平台 Rent the Runway。我認為這家公司崛起的一個主要推動力就是社群媒體。你可能會問：「等等，這和租衣服有什麼關係？」但其實只要理解它背後的心理學，就知道這和租衣服息息相關。社交活躍的人總需要一些話題，他們想隨時在鏡頭前亮相。這就是社交貨幣。他們甚至不一定要寫文字，透過穿搭與換裝就會成為大家的話題。沒有人想讓別人一再看到自己穿同一件衣服。這不僅僅是因為你買不起那件禮服——這一點或許是珍妮佛創辦這家公司的初衷，但現在最大的成長領域不是禮服，而是日常服飾。另外還有個理由就是，這項服務符合永續衣櫥的理念——你不想買只會穿幾次的衣服；但人們還是在意自己的穿搭要不斷變化，其背後的推手正是社群媒體。社群媒體是一個關鍵的觀察角度，可以讓我們理解驅動人們行為改變的因素。

桑尼爾：真的很有意思。妳是如何指導別人構思出值得相挺的點子？

提娜：當我在構思點子或與創辦人、團隊合作時，我經常會說：「試著像坐在直升機一樣，拉高視角來看這個問題或機會，然後觀察其他的變化，這些變化可能與你的點子無關，但實際上可能會加速或干擾它。」

以租賃服裝這類服務為例，問題不僅僅是人們的衣櫃空間較小，不想買不常穿的衣服，或者買不起自己想要的衣物。這背後也關係到他們不想穿同一件衣服在社群媒體動態上出現兩次。再者，人們現在也真心在乎生產過剩、過度消費與消費至上價值觀對氣候變遷造成的衝擊。他們希望能在永續發展行動中發揮自己的力量。二手市場與租賃服裝讓他們成為解決方案的一部分。

桑尼爾：看來每場提案都需要兩個關鍵要素。妳會如何描述這兩個不同的事情？

提娜：一個是洞察力，另一個是隨之而來的行為改變。像「人們現在用單手吃早餐」是不容易察覺的現象。這是一種設計思維的做法，不僅要考慮我們想要銷售的產品，也在思索我們要將這項產品放在什麼樣的使用情境中販售，以及我們還需要了解市場和消費習慣的劇烈變化。我一直很重視在家庭環境中進行的民族誌研究，因為人們在焦點團體中告訴你的，往往不是他們實際的生活方式。只有當你實際觀察他們在家裡和辦公室中的日常，看到他們真正怎麼過生活，才會出現「領悟時刻」。

桑尼爾：我們在研究中常聽到，練習提案很重要，而且要設法得到真誠的回饋意見。我們不會只是想聽到有人說：「這個點子很棒。」

提娜：我真的很想聽聽反對意見，很想知道「不」背後的原因。我不希望自己的提案排練到太過完美與流暢，導致沒留出空間讓別人提出反對意見，或是自己無法真正聆聽到反對意見。比起聽別人說「喜歡、很好、太棒了」，反對意見更能讓我學到更多。得到讚美很容易，但是如果你有幸與那些曾經用過其他企業或服務的人見面，請好好傾聽他們的聲音。這並不代表你要為了在場的人改變自己的構想。也不代表你必須同意他們所說的一切，或是對所有的事都有答案。你只需要聽他們的提問，然後問他們為什麼這樣問。那些準備過度、練習過頭的人，常常只想秀自己的點子。我認為，如果在發表點子時，只是像在表演一場戲、一味展現自己準備好的內容，其實就沒有真正在聆聽。

桑尼爾：妳之前提過，積極傾聽是提案過程中關鍵的一環。

提娜：是的，而且這不表示你必須知道答案。但我認為，你應該把問題寫下來，然後向自己或團隊報告。你不必回應所有問題或反對意見，但請一定要理解它們，因為當中藏有很多寶貴的資訊，非常值得你去關注。同樣的，有人提出疑問或負面回饋，也不一定代表那是正確的，但當中往往有很多確實有用的東西，卻被人擱置一旁。這些資訊可是金礦啊。

桑尼爾：我第一次聽到有人把這項見解講得這麼具體實用。所以我應該把出現的一切問題、反對意見都寫下來，這樣才能看出其中的模式？

提娜：沒錯，而且一定要留意肢體語言，因為在提案開頭階段，要推銷自己的構想之前，讓每個人都達成共識真的很重要。你要先建立連結感，方法就是先提出一組大家都能認同的資料或事實，再進入提案。擅長做這件事的人，通常都做得不著痕跡。

你說你在銷售個人化營養指導，這是大家都想要的服務。但你也分享說，很多人覺得這項服務太貴、找不到適合自己或配合自己時間的指導者。你在描述這件事的那一刻，其實就是和在場的人建立連結感，讓大家都從一個彼此有共識的出發點開始對話。

桑尼爾：這似乎在任何提案場合都很實用。

提娜：有些事實是不容置疑的，對吧？任何厲害的政治人物都懂這一套。大家都希望少繳稅，也都想要負擔得起的醫療保健服務。你要從那些普遍的渴望和需求開始談，再引導眾人進入你要解決的問題。

我們剛才談到 Rent the Runway；透過這個例子，我讓你認同目標受眾確實活躍在 Instagram 上，他們就是發布很多照片。Snapchat 是以視覺為主的社群平台。智慧手機推動了這一切的發生。攝影已成為一種新的共通語言。這些其實和禮服沒有直接關係，但我們都同意，這就是現今世界的現狀——到了談到禮服的部分時，我早已讓你和我站在同一陣線了。這不是操控，只是陳述一種觀察而已。當我們談穀片時，我從人們早上如何看手機談起，無論是查看電子郵件或新聞，這表示他們的手很忙。你會同意我的觀點，因為這是事實。這是讓對方站在你這邊的方法。他們可能還不認同你的點子，因為你還沒開始說明，但雙方都對導致你們產生這個點子的事實與觀察達成共識。

桑尼爾：妳覺得，我們前面討論的那些行為觀察，和放諸四海皆準的事實之間有什麼關係？

提娜：我認為你應該從「放諸四海皆準的事實」開始。我隨便說個數字——假設九五%的美國家庭有手機。這就是一個放諸四海皆準的事實。接著你的觀察是：人們花X個小時在手機上面。這也是事實。在你還沒談到「人們用單手吃早餐」這項洞察之前，你就從事實、從放諸四海皆準的事實開始切入了。這會立即建立連結感，因為每個人都是從相同的資訊出發來思考和交流。

桑尼爾：好的。在開始時，我可以說九五%的家庭都有手機；人們每天會花三小時在手機上。此時在場的人都點頭認同，然後我就可以順勢引出一個對人們使用行為的洞察。

提娜：你可以談一九五〇、一九七〇、一九九〇、二〇〇〇、二〇一〇、二〇二〇年，一天的典型樣貌是怎麼變化的，它可以是一張帶有家庭小圖示的投影片。你會看到那種典型的小家庭樣貌：全家人圍坐在餐桌旁、一起吃早餐。媽媽穿著圍裙，爸爸喝著咖啡，孩子乖乖吃著穀片，一切井然有序——也許這是一九五〇年代的樣子。然後來到了今天，場景會變成：孩子各自吃飯，爸媽都要上班，那種一家人悠閒共餐的小家庭畫面早已成為神話。當你說明到這裡時，全場都會跟著你的敘述點頭。接下來，你就可以帶出人們行為改變的部分，說明你為什麼想投入早餐棒這個市場。如果有人提出疑問：「等等，你為什麼要談家庭行為的變化？」那答案很清楚：因為早餐是美國飲食文化的主軸。而你看看早餐發生什麼變化。所以，如果要推出一款「棒狀」食品（不管是不是零食棒），就會選擇把它做成早餐棒，因為我們已經證明了這個市場確實存在，也有充分理由相信「穀物棒正在取代傳統穀片，成為新的早餐選擇」。

桑尼爾：這真的很有趣，一般人如果要提案做穀物棒，簡報的前幾張投影片大概不會講到手機。

提娜：大概沒幾個人會這麼做吧。很多時候，別人會說我的投影片太多了，直到他們看到我瀏覽的速度有多快。我從不拘泥於投影片的數量，因為它比較像是用來輔助大家建立共識的工具。先從那些放諸四海皆準的事實開始，再帶出洞察，是引導大家理解「為什麼」的好方法。這個「為什麼」包含：為什麼現在是關鍵時刻？發生了什麼改變？接著你還要回答：為什麼是我們？為什麼非現在不可？

得靠努力爭取到的未來，不必大費唇舌

第三到第五年會發生什麼事，其實沒什麼好談的。因為你無論如何都得先走完第一、第二年……對一個我們還得靠努力才能爭取到的未來，不要花太多時間大費唇舌。

安迪是Bonobos的共同創辦人和前執行長。二〇一七年，他以超過三億美元的價格將公司賣給沃爾瑪。從我們的談話中可以清楚看出，Bonobos如何開創新局，為後來的公司鋪出打造網路品牌的道路，例如：Warby Parker（時尚眼鏡品牌）、Allbirds（鞋子和服飾品牌）和Away（行李箱品牌）。許多投資人還在懷疑這種模式是否可行時，安迪和另一位創辦人布萊恩・斯帕利是最早勇於挑戰這條路的新創企業家。

卡莉：就我們所知，你在創辦Bonobos之前，曾經嘗試一個沒能成功的點子，你們的第一個投資人喬爾·彼得森（Joel Peterson，捷藍航空董事長、史丹佛商學院兼任講座教授）就是從那時認識你的，對嗎？

安迪：喬爾會用很有趣的方式講這件事。他說，當時我在史丹佛大學的一門課裡做專案，我請他當顧問。這個專案在評估從南非進口名為「比爾通」（biltong）的高級牛肉乾。這是一種非常高品質的牛肉乾，是非洲人在十七世紀開發出來的，他們會用鹽、胡椒、橄欖油、香菜來醃製，然後放在有透明小窗的木箱中，用日曬熟成。

我花了一些時間觀察，結果發現市場確實存在，試吃的反應也很好。只有一個小問題：在美國販售未經烹調的肉類是違法的。做到專案尾聲時，我告訴喬爾：「我們沒辦法做這項事業，原因就在這一點。」後來我才知道，我們為這件事投入這麼多心力，但我最後仍然願意放手，這一點讓他很欣賞。

卡莉：那你帶著下一個計畫去找他時，發生什麼事？

安迪：我去找喬爾，向他介紹一個點子：我和共同創辦人開發了一款更合身的褲子，想打造一種以網路為主軸的商業模式，直接銷售給消費者。我說，我們會參考當時一些正在顛覆市場的第三方電商平台，比如薩波斯——它提供寄送與退貨免運費、購買後三百六十五天內免費退貨的服務。我大致上是說，我們要成為新一代品牌的開路先鋒，示範如何透過網路、用直接面對消費者的方式來建立品牌。

我整場會議都在分享這個點子，一邊講一邊請喬爾給我意見。等到會議尾聲，他整理了一下想法後說：「這讓我想起當年第一次與捷藍航空的創辦人大衛・尼爾曼（David Neeleman）會面的情景。我們當時也是打算進入一個停滯不前的產業，用真正以客戶為中心的方法來顛覆它，還要砍掉中間商。」然後喬爾立刻用「我們」來談這個計畫，這讓我非常興奮。

後來，喬爾講起這件事時說，當初我選擇放棄那個牛肉乾的點子，讓他感受到我是一個值得相挺的人。正因為我能果斷放棄一個不適合的點子，讓他對我們開始投入 Bonobos 的構想充滿信心。

桑尼爾：能果斷放棄，反而成為支持者願意相挺的關鍵訊號，這點真的很有意思。我們以前都沒聽過。

安迪：大家普遍相信的道理，其實不一定對。「永不放棄」就是一個錯誤的座右銘，應該是「除非該放棄，否則別輕言放棄」。對於不該放棄的事，你能堅持下去嗎？這才是關鍵。對任何事都輕言放棄的人，不值得相挺；可是對該放棄的事死撐不放的人，同樣也不值得相挺。

桑尼爾：從你的故事來看，放棄牛肉乾的點子、轉而投入Bonobos，感覺上等於是讓喬爾這樣的投資人看到你的篤定感，也讓他相信你是做事認真的人。

安迪：沒錯。在Bonobos，我們一直在談「五種人性特質」，也就是所謂的「核心美德」：自我覺察、同理心、正能量、判斷力，以及「理智的誠實」。理智的誠實就是在問：你是以資料為依據嗎？你有勇氣改變自己的看法嗎？人有一個很奇妙的特質，那就是我們很難放棄自己過去抱持的立場。這一點，是人類普遍不擅長的事。

有一個很有啓發性的組織行為心理學實驗，叫做「綠三角案例」，它分別給三組人不同版本的資料，主題都是「挑戰者號太空梭事故」。在史丹佛商學院的組織行為學課堂上，我是全班唯一從原本那一組轉換到另一組立場的人——實驗方在中途補充新資料後，大多數人本來都應該轉到另一組的立場才對。這看起來只是一件小事，但遺憾的是，在新的資訊面前，願意改變原有想法的人並不常見。

回來談談喬爾。他也知道我婉拒了一家創投公司的工作，這份工作是很難得的機會，或許也讓他更相信我的決心。他不知道我具體的處境和財務數字，但我當時快付不出房租，而且念商學院，讓我背了超過十六萬美元的學貸。一個人在情況看起來完全不利、不該冒險的時候，還願意跳下來承擔風險，對潛在支持者來說是很有吸引力的。

卡莉：你從褲子開始賣，但現在已經發展成完整的男裝系列。你當初就提出這個願景嗎？

安迪：在喬爾承諾投資後，我又向史丹佛大學另一位知名講師安迪·瑞克勒夫（Andy Rachleff）提案，他是傳奇創投公司 Benchmark Capital 的共同創辦人。我非常欽佩他。在提案的最後有一張投影片，說明我們會先專注於褲子幾年，接著會推出完整的男裝系列。我記得展示了襯衫、西裝、配件，甚至還有個人保養品，勾勒出一個八到十年的擴展願景。我還記得安迪說：「褲子這個核心產品沒有做得很到位之前，我都不希望你去想襯衫的事。」當時甚至還談到「你的第一款產品要做到年營收破千萬美元，才可以開始考慮第二款」。

我成為天使投資人後，看過不少創辦人太快想跳到第二款產品。我從 Bonobos 學到的經驗是：在你把第一款產品做到位之前，沒有人會在乎你的第二款產品。所以我們的策略是雙軌並進：一方面，一開始就專注於大量販售褲子。另一方面是著眼於長遠願景。我們想打造的是：一、真正涵蓋多品項的男裝品牌；二、一個經營示範，證明「從網路出發、顛覆傳統的經營方法，是未來打造品牌的關鍵」。

卡莉：你在傳達眼前聚焦的重點和長遠的大願景時，是否感到衝突？

安迪：這種短期聚焦的重點與長遠的大願景交雜的狀態，其實是一種拉鋸，在不同時刻或許對公司有利，也可能有害。五年後，我開始看到整個品牌生態系統逐漸浮現。我就說：「讓我們打造一個可以支持它的多品牌平台。」然後向一群投資人提案。我還記得在創投公司安德里森．霍洛維茲的提案會上，我先介紹了Bonobos的故事，接著分享我們未來可以發展的願景。我後來得知，正是這場提案第二段的未來願景部分，讓他們打消投資的念頭，因為他們覺得我沒有聚焦重點。

桑尼爾：但是未來的願景確實會讓人振奮啊。你第一次與喬爾見面時，就提到想成為開路先鋒，開創新一代品牌的打造方式。從一開始拿著行李袋賣合身褲子，你是怎麼跳到「我們想開創新一代品牌的打造方式」這樣的格局？

安迪：這其實就是「以過去預見未來」的概念，如果你想看見未來的樣子，就必須回顧過去。二〇〇二年，我有幸以貝恩公司的顧問身分和Lands' End合作，親眼見識到這家以型錄郵購為主的公司如何直接接觸客戶，並建立起非常良好的關係。

那時電子郵件還不普及，我記得有次走進 Lands' End 的電話客服中心時，看到牆上的一張紙條寫著：「親愛的伊莉莎白，非常感謝妳在我婚禮那天早上打電話叫我起床。我的伴娘們只想賴床，我媽媽也累壞了。真的很感謝妳打了那通電話。凱瑟琳敬筆。」我當下心想：「哇，這太不可思議了。這個 Lands' End 的客服人員和客戶之間的關係竟然這麼緊密。」因此到了二〇〇七年，我在史丹佛商學院時，網際網路正處在高速發展階段，消費者網路還在起步時期，臉書才成立三年，推特才誕生一年，Instagram 甚至還沒問世……我突然靈光一閃，心想：等等，網際網路應該是展示型錄更好的途徑吧！它可以更個人化，又不受頁數限制。

卡莉：事情就是這樣發生的，對嗎？

安迪：二〇〇九年，有幾位華頓商學院的學生來到我們的辦公室，提到他們要在眼鏡市場上打造出一個 Bonobos 類型的模式。我當時心想：「等等，眼鏡這一行會很難做吧。」但我們對這個構想還是很興奮；我的共同創辦人還投了天使輪資金，後來我也成了 Warby Parker 的天使投資人。從這時起，我們就看到整個直接面對消費者的模式演變逐漸開花結果，能參與其中真的很有趣。身為

Away、Glossier（美妝品牌）、Harry's（刮鬍刀品牌）和 Warby 等公司的天使投資人，我真切感受到自己像坐在第一排，親眼目睹這場由網路帶動的直接面對消費者創新如何蓬勃發展起來，我也認為它最後會滲透到消費零售生態系統的每一個角落——事實上，它已經開始了。

桑尼爾：這不就是你當初第一次與喬爾見面聊的話題嗎？

安迪：我記得 Bonobos 推出六個月後，月銷售額達到大約十萬美元。有一天凌晨三點，我在臥室醒來——可以說當時我是睡在倉庫裡。我的臥室裡堆著四百條庫存褲子，我們就在我家揀貨、打包和發貨——順便說一句，這對維持工作與生活的平衡一點也不好。我在凌晨三點醒來，心想：「天啊，我掌握到一個祕密了。我就睡在這家由網路驅動的褲子零售商倉庫裡，總有一天，所有品牌打造的方式一定都會走向這種以數位為核心的模式。而且以數位為核心的新創企業幾乎會顛覆每一個產業。但沒有人相信我。」那時，我會在紐約遇到時尚圈的人，他們會問：「你們在哪裡販售啊？」一般的答案大概都是：「我們在高檔百貨公司 Barneys 或 Bloomingdale's 上架。」但我會說：「只在網路上賣。」然後我就會看到對方的眼神流露出同情，像是在說：「真可憐，這傢伙連通路都沒有。」

桑尼爾：你現在也在投資與指導其他的早期創業者。

安迪：是的。我在二〇二〇年做了幾十筆天使投資。舉個例子：我最近遇到一名創辦人，他的公司叫 Caraway，是一家非常酷的無毒鍋具品牌。這也讓我聯想到去年和父母一起看的電影《黑水風暴》，它講述杜邦公司製造鐵氟龍的過程中使用一種有毒化學物質，最後害了很多人。因此，無化學毒物的餐具其實是非常有意思的概念，而且在新冠疫情期間確實流行起來。我就是喜歡這個創業家。他很頑強，一定會成功。但有些投資人認為，這個品類的市場規模太小。

桑尼爾：這位做無化學毒物鍋具、性格頑強的創辦人，其實可以將這個產品連結到一個更大的願景，對嗎？鍋具會不會只是一個開端，只要這一塊做成功了，就能延伸出更大的發展？創投家會想聽這個發展嗎？

安迪：完全沒錯。你確實可以從鍋具開始打造下一代的威廉所諾馬（Williams-Sonoma，廚具和家居用品公司）。要支持創業者，你必須具備前瞻眼光，能預見他們的潛力與未來走向。你希望對方能專注於將第一款產品做到極致，但同時擁有開發第二、三、四款產品的遠見。像鍋具，可能就是這類品牌最關鍵的一項明星產品。但許多創投家未必有能力判斷，哪些企業家從長遠來看有本事做出顛覆現有市場的創新產品。要看出誰能做到這件事真的很難。

卡莉：你會不會同時有兩套說法？一套是你放在心裡沒說出口，另一套是你會對潛在支持者提出的內容？

安迪：我和一個朋友有個新構想，叫做「南瓜派」，讓我們感到興奮的一點是，它一開始可以自籌資金。這個朋友本身也是創業家，而且運氣不錯，兩家公司都做出一些成績。自己出資創業的好處是，不必面對那種與投資人理念不一致的拉鋸，因為投資人都有自己的偏好，有些人可能不認同你的願景，而且最後你也沒辦法透過討論來化解這種理念不合，唯一的解方就是實際創業、做出成果。第三到第五年會發生什麼事，其實沒什麼好談的。因為你無論如何都得先走完第一、第二年。對於短期內不會發生的事爭來爭去，根本沒效率。表明自己對未來有規畫、有眼光是好事，但沒必要一直談論它。昨天我和朋友聊這個新構想時，我們半開玩笑地隨口聊了它未來的發展方向，結果聊到一半就說，其實現在討論這些還不重要。還是聚焦重點就好——聚焦在什麼才是「最小可行產品」（MVP）。對一個我們還得靠努力才能爭取到的未來，不要花太多時間大費唇舌。

最具原創性的，是人人都能共鳴的「故事」

人其實不太喜歡數字。數字很重要，但他們記不住。數字打動不了人心。要觸動一個人的心，才會促使他們去做或不去做某件事。

布萊恩與朗·霍華共同創辦了想像娛樂。他的電影和電視節目獲得四十多座奧斯卡獎和一百九十多次艾美獎的提名。會議開始前，我們坐在等候區，周圍都是準備向葛瑟提案的人。直到那一刻，我才開始感到緊張。但與葛瑟的談話其實很輕鬆，也許是因為他每天都在思考怎麼讓構想變得值得支持。對他來說就像呼吸一樣自然。

桑尼爾：你曾說過，你非常享受為一個全新的點子「建構立論」（case building）的過程。所謂的建構立論到底是指什麼？

布萊恩：關於建構立論，我的看法是把每一件事都看成一個故事。所有科技界的巨頭——無論是布萊恩．切斯基、傑克．多爾西、提姆．庫克，還是微軟現任執行長薩蒂亞．納德拉，我都和他們本人、他們的友人聊過，並發現他們都把自己的事業視為一個故事，然後試著讓這個故事簡單清楚，有時如果覺得故事需要調整，也會修正。但這背後都有一個「為什麼」——這為什麼會存在？這也是我在拍電影時所做的事。你可以選我的任何一部電影，我會為你針對這部電影建構立論。就以《阿波羅13號》為例吧。

桑尼爾：好啊。

布萊恩：《阿波羅13號》最初是從吉姆．洛威爾（Jim Lovell）給我的十二頁大綱開始的。但我真的不知道吉姆．洛威爾是誰，也對航太領域、阿波羅任務之類的事不太了解。我讀了這份大綱，看出當中有很多不同的元素。《阿波羅13號》本來可以只聚焦於太空、前往太空、航太科技、升空所需的硬體設備，以及所有涉及空氣動力學的東西。或者，也可以是關於生存的故事。我對航太領域的知識了解得很少，一開始也對當中那套專有名詞興趣缺缺，但最吸引我，也是後來成為這部電影核心的主題，就是「應變能力」——人類的應變能力，以及生存的問題。看到太空人準備升空的畫面時，那種視覺效果或電影語言會具備一種神話般的元素，令人非常興奮激動。我不禁心想：「你不害怕嗎？」這部分讓我非常著迷。我覺得這群要升空的人太有趣了，理論上他們是用火箭動力把自己推進外太空，再利用月球的引力彈弓效應回來。這看起來很瘋狂。

桑尼爾：所以，這部電影的核心，其實是關於生存。

布萊恩：我一買到這十二頁大綱後，每天醒來都會為它建構立論，想著這故事為什麼該存在、為什麼應該成為一部電影，然後這十二頁大綱就變成了手稿，接著又變成一本書。我必須準備好所有的答案，才能說服環球影業給我資金。我記得這個案子當時的預算是六千五百萬美元。他們為什麼要給我六千五百萬美元？這就像不斷直搗那個「為什麼」的核心——為什麼這部電影應該存在？後來我發現，「生存」是一個人人都能理解的主題。在這個案子中，他們生存的動力，來自英雄主義、愛國情操、為國家做點什麼的精神。

桑尼爾：聽起來，你在建構立論時，比起市場或競爭之類的因素，更看重的是構想背後的核心主題。

布萊恩：是的。最終，你要設定並接受自己認定的電影核心主題。在《美麗境界》中，主題是關於愛。在《勝利之光》中，主題是自我尊重。在電影《街頭痞子》中，主題也是談自我尊重。至於《阿波羅13號》，談的是人類為了生存，要從內在挖掘從未意識到自己擁有的資源。所以，智力與體能水準全是頂尖的太空人，進入外太空後發生了意外。他們不得不去處理、去面對：「我該如何解決這個問題？」就像電影裡那段經典情節——要想辦法「讓方形過濾器塞進圓形接口」，才能活下來。在電影中，真正讓故事和人產生共鳴的，是背後的核心主題，而不僅僅是這三個身處外太空的太空人。

桑尼爾：但是，當你前面坐著的人只考慮數字，一心想著六千五百萬美元的投資報酬率，你會怎麼做？

布萊恩：我主要會從主題角度去回應投資報酬率的問題，而不是由故事本身出發。如果用故事去談，或許就有人會挑你的標點符號、文法的毛病，出資的人很可能也會說：「嗯，這個故事說不通。」但是「愛」這個主題就能說得通。

桑尼爾：「愛」這個主題，為什麼會讓片商覺得值得押寶？

布萊恩：因為你知道，對世上所有人來說，終其一生追求的就是與他人建立連結，而維繫人與人之間關係的核心，就是愛。所以你必須證明，自己講的故事裡有展現出這個主題。以《阿波羅13》為例，我們得證明它有展現出「生存」這個主題。這有時指的是「情感層面的生存」。我的意思是，這三名太空人中的任何一人如果情緒崩潰了，就無法完成任務，生存下來。故事只是電影外在的包裝。電影的內在，是「為什麼這部片值得存在」的那個核心主題。要說服高層願意出資六千五百萬美元或一億六千五百萬美元，我要訴求的也是這個「核心主題」。我們無法照字面意思去證明它的存在，一旦這麼做，馬上就會被打槍。你得懷抱一個夢想，然後努力讓它與現實接軌。

桑尼爾：在好萊塢之外，我們要如何應用這個「主題」的原則呢？你也投資了幾家新創公司，可以舉一個新創公司的主題為例嗎？

布萊恩：以布萊恩．切斯基和他創辦的Airbnb的例子來說，主題可能就是「社群」。一開始他們以為自己創業，是為了各種你也知道的理由，但後來發現，他們其實是打造一個社群，讓人與人能彼此認識，因為社交對人生至關重要。

桑尼爾：如果布萊恩．切斯基帶著Airbnb的點子來找你，就像八年前一樣，然後說：「我需要你幫忙去說服投資人」，你會告訴他什麼？

布萊恩：嗯，我確實幫過他。我告訴他：「重點在於故事、故事、故事。」人其實不太喜歡數字。數字很重要，但他們記不住。數字打動不了人心。要觸動一個人的心，才會促使他們去做或不去做某件事。

桑尼爾：你得從故事開始切入。

布萊恩：你必須用故事、你試圖透過這個故事完成的事來引導。

桑尼爾：你聽過上千場提案，也無數次坐在談判桌的兩邊，而且很顯然，你拒絕的次數遠多過同意。但是，有沒有什麼比較容易打動你？

布萊恩：原創性。當一個人在建構立論時，如果太籠統，我就會刷掉他們。

桑尼爾：那什麼算是太籠統呢？以《阿波羅13號》來說，有可能會因為說得太籠統，導致提案失敗嗎？

布萊恩：所謂「太籠統」，就像是說：「所有人都對冒險感興趣。太空冒險是最迷人的事。」誰會對這種話有共鳴呢？這樣的說詞就是太籠統了。我們曾經製作一部叫《火星時代》的系列影集，還是和伊隆．馬斯克一起製作，後來在國家地理頻道播出。

桑尼爾：沒錯。這部真的很好看。

布萊恩：哦，謝啦。從電影手法上來說，《火星時代》真的相當好。但我真正想做的是讓這個世界或可能觀看的人明白：我們為什麼要去火星。可是我覺得，我們沒能成功回答這個問題。反倒是在《阿波羅13號》中，我們的聚焦掌握得很好，因為我們穿插了太空人的父母、孩子和牧師的畫面。這樣的穿插提醒大家：這個故事背後牽涉人性的特質。甚至在故事一開始，就已經讓人意識到，當中隱含了勇敢和犧牲。我認為這讓觀眾理解到人性的層面，而這也是我們最想做的事。

桑尼爾：這或多或少就像是將這個顛撲不破、人人都能理解的主題，搭配上一個原創性的點子。

布萊恩：是的，就是點子的原創性。我不想做別人已經做過的點子。這就是我每週都會進行這些好奇心對話的原因，我可以從中學到很多。它幫助我整理出原創性的點子。是直覺嗎？每個人都以為這是靠直覺，但這種直覺必須有根據。我真的不太欣賞那些只會說這是我的直覺或本能的人。如果那是有根據的，我會更感興趣。我喜歡有根據的事。

桑尼爾：你能舉個例子來說明這之間的平衡嗎？

布萊恩：我會挑一些文化來研究，然後拍成電影或電視節目。我之前就做過一部關於饒舌團體武當幫的作品。我不知道是否會成功，但我知道武當幫並不老套。我為什麼知道？因為我認識很多嘻哈圈的人。我常向年輕人和嘻哈圈的老前輩、元老級人物請教。我可能會詢問在一九八〇年代影響整個嘻哈樂壇的德瑞博士（Dr. Dre），他的意見和我十四歲的兒子派崔克的意見一樣重要。你必須交叉查證這一切資訊。我可以告訴你一百個我不會合作的饒舌歌手。但我選擇武當幫是有原因的。我覺得他們被過度炒作嗎？我覺得他們過度曝光了？答案全是否定的，我不認為他們曝光過頭了。那他們有什麼故事？他們在紐約史泰登島長大，曾多次進出監獄，然後組了一支樂團，發展得非常成功，甚至成為某種音樂風格的先驅。所以我喜歡這樣的故事。

桑尼爾：我看過你的一場演講，有個聽眾舉手問：「嘿，布萊恩，我已經寫下自己的點子。我動筆了，那接下來我該如何讓它變成作品？」你當時的回答是：你必須用最誘人、最能讓人上鉤的方式談自己的點子。這是你給他的建議。有沒有例子說明，怎樣是用「不誘人、無法讓人上鉤」的方式描述一部電影？

布萊恩：我想拍一部電影，是關於英國知名電視主持人大衛．佛羅斯特（David Frost，一九七七年曾讓尼克森為水門事件道歉）和前美國總統尼克森的一場對話。但這樣說，一點也不誘人。

桑尼爾：真的一點都不誘人。

布萊恩：所以不能這樣說。誘人的說法是：大衛．佛羅斯特和尼克森之間的這場對話，火藥味十足，就像你見過的任何一場搏鬥。這是一個「大衛對抗巨人歌利亞」的故事。

尼克森是非常聰明、咄咄逼人又霸道的人。而這位帶著英國口音的小脫口秀主持人，竟然能瓦解這位前總統的防線。

桑尼爾：我還有很多問題想問，但我知道時間只剩一分鐘。想像一下，現在有個人正站在這間辦公室外面，準備進來向你提案。要給他什麼建議才能提高成功的機率？

布萊恩：「你知道在喬治亞州的亞特蘭大，有一所高中出了好幾位饒舌歌手嗎？安德烈 3000、博爺就是出自這所高中。你知道這件事嗎？」我不知道耶，講給我聽吧。然後談話就這樣自然展開了。

桑尼爾：你一下子就讓他們上鉤了。

布萊恩：我希望有人這樣說：「你知道發生了這樣的事嗎？你知道這個東西的存在嗎？」然後激起我足夠的好奇心，讓我投入這個故事。

創投家—安・三浦子

低調卻有力的說故事魅力

與眾不同的說服力，往往勝過更好。因為與眾不同會讓人記住、留下印象。與眾不同很重要，並非照著別人的既定觀念去構思出來的。如果你有機會，那就選擇與眾不同，而不是變得更好。

安是第一個願意押注我的新創公司 Rise 的專業投資人。她決定投資後，其他人也因為她的聲譽而跟進。她是矽谷種子基金水閘門（Floodgate）的共同創辦人，水閘門投資了一百多家還在初創期的新創公司，包括 Lyft、Chegg（教育技術公司）和 Twitch（直播平台）。安多次入選《富比士》全球最佳創投人榜，也名列《紐約時報》全球二十大創投家。

桑尼爾：妳是 Lyft 最早期的投資人之一，事實上，妳支持他們時，公司還叫 Zimride，根本沒多少人感興趣。是什麼原因讓妳願意冒險投資他們？

安：這會讓我看起來比以前更有先見之明。在同一時期，我們其實拒絕了 Airbnb 和 Pinterest。有很多公司的潛力，我們當初沒看出來。但是我喜歡這家公司和兩位創辦人，因為當時交通運輸領域幾乎沒看到有新創公司涉足。兩位創辦人約翰和羅根非常有說服力地讓我們相信，這是一個龐大的市場，可以帶來深遠的影響。

桑尼爾：怎麼說？

安：你可以看看他們最初的提案資料，他們說，交通運輸這件事已經多次改變美國的地貌。如果未來再有一次交通革命，也會對美國產生同樣深遠的影響。這會改變人們的生活方式、居住地點、工作與家庭生活之間的關係，甚至是度假方式——它會改變各式各樣的事。

桑尼爾：這真是一個宏大的願景。一直有人說，宏大的願景對於打動人心的提案至關重要。但是如何拿捏「宏大」和「可信」的願景之間的平衡呢？

安：「有遠見」和「滿腦白日夢」的創辦人，就只是一線之隔。看看「惡血詐騙」主角創辦的公司 Theranos，或是史上最大音樂節騙局 Fyre 的故事，這些創辦人看起來都很有遠見，但結果證明，他們只是空有一堆幻想而已。

我們想支持的創辦人，和這些人的差別在於，他們會把未來的藍圖一筆一筆實現出來——即使它不是已經存在的成果，只是潛在的可能性，他們也會全力投入，不會把執行責任外包給別人。

桑尼爾：妳怎麼知道他們沒有把這部分外包給別人？怎麼確定他們是來真的？

安：這些創辦人會非常深入地參與實現目標的實驗過程。他們會全力投入，找出可以推動下一步的關鍵因素，讓團隊更接近目標。有時候，是針對一種新產品；有時是關於一項新商業模式；有時是新的定價方案。但這都不只是做做表面功夫而已，是真的投身其中。

我觀察羅根和約翰的做事方式，他們不僅在推銷這個平台，也能察覺哪些環節行不通，並試著釐清如果行得通，會是什麼樣子、又有什麼意義？

他們想辦法讓整個計畫快速成形，但重點不只是速度，還牽涉到如何整合所有元素，最後達成一開始想像中的那個打動人心的願景。舉例來說，他們曾設想，如果一切順利，這個平台會聚集大量活躍的使用者，形成一種「高使用密度」的情境，應用程式中會有非常多的互動和活動發生。所以，起初他們是推給大學，接著又想到：如果把所有社群連結起來呢？有沒有辦法將一家公司與史丹佛大學連結起來，比如讓惠普、臉書等企業也加入呢？他們再來會思考：到底沒有足夠的使用密度，讓這個「人們經常共乘」的願景成真？然後，當這件事沒出現時，他們就會尋找其他機制，例如：舊金山到洛杉磯，或是舊金山到太浩湖之類的長途共乘方式。此外，還有什麼可以連結這些社群的方法呢？當創辦人為了讓產品更接近市場，努力進行這些中間階段的實驗，你就知道他們不僅只有空想而已。

桑尼爾：妳看到他們真的親自投入其中。

安：是的。羅根是真的開著廂型車往返舊金山和洛杉磯。

桑尼爾：大家都說羅根是非常溫和內向的人。這和大家對創辦人的典型印象不太一樣。像羅根這樣的人，有什麼特質讓妳覺得他有說服力？

安：領導者最神奇的能力，就是說故事。這種超能力，不是只有外向的人才有。說故事是只要勤加練習，大多數人都可以得到的力量。我認識一些有嚴重閱讀障礙的人，卻是最有影響力的說故事者。安靜的領導者、內向的領導者，仍然可以擁有這種力量。我相信羅根就具備它。羅根和約翰講了一個故事，裡頭有英雄，也有反派——在他們的故事中，反派就是那些到處都是的汽車，它們大多沒被善加利用，或者就算使用了，車上也只有一個人。我們該如何提高道路的使用效率？該如何讓搭車體驗變得更好？這類的問題與故事確實能引起很多人的共鳴。

此外，正因為他們是很厲害的說故事者，才可以與眾不同，避開在競爭激烈的市場中盲目廝殺。也由於擅長說故事，他們會這樣告訴你：Uber 是你的專屬司機，但 Lyft 是開車來接你的朋友。這個故事的說法很不一樣，也很有趣。與眾不同的說服力，往往勝過更好。因為與眾不同會讓人記住、留下印象。與眾不同很重要，並非照著別人的既定觀念去構思出來的。如果你有機會，那就選擇與眾不同，而不是變得更好。

桑尼爾：說故事對不同的人來說，可能代表不同的意思。說故事時最容易出錯的方式有哪些？

安：有個錯誤的說故事方式，就是用「比喻」，例如：我們就像×××、我們是××× 產業的 Uber。我真正想聽到的是：究竟有什麼糟糕的處境？客戶正蒙受什麼重大的折磨？是誰對客戶這樣做？為什麼會這樣？為什麼不去解決？又為什麼無法解決？然後，誰是英雄？他們從哪裡來？他們為什麼要對這個問題採取行動？

你必須構建一個完全出於自身動機的故事，而不是說：「你看，那家公司很厲害，賺了很多錢、估值很高。我們現在努力像它一樣，但會做得更好。」這種敘述會鋪陳出非常不同的情境，讓投資人、員工、合作夥伴等進入一種截然不同的心態中。

桑尼爾：妳要怎麼先說服自己，才有辦法說服別人？

安：你有直覺，也掌握競爭分析的數據。你的產品可能還已經上市，無論它處於早期階段，還是較成熟階段，你也掌握了這項產品的相關數據，並進行了客戶訪談。有些資料可能顯示，市場完全沒有競爭對手，那又為什麼會這樣？也許是某些產業結構因素阻礙了競爭者進場，而你剛好找到破解這個障礙的方法。也可能你知道，客戶對現有的解決方案極度不滿，也了解他們不滿的具體原因。又或者可能真的有些事正在改變，比如有些工廠突然可以取得某些數據，卻沒人善加利用。或是，有幾個原因讓我看到，某項變革正在發生，因此創造了一個龐大的新機會。這種「用心找到的獨到祕密」，正是我喜歡聽的故事。

桑尼爾：妳投資的一些公司，即使是像後來大獲成功的 Lyft，也都曾在妳開出支票和募集到下一輪資金之間面臨困境。對於正在經歷困境的人來說，最重要的是什麼？

安：有一部分憑藉的是堅持，還有一部分要靠不服輸的鬥志。約翰和羅根給人的感覺都是很親切的人。二〇一一年時，交通運輸業正炙手可熱，大家普遍認為，要在這類市場中成功，你必須非常強勢與積極。因此創投圈不斷問我們的問題是：「約翰和羅根是不是太溫和了？」

有一次，我跟他們說：「你們要想像，自己喝了老虎血，然後上場去展現你威猛的那一面，因為你們真的有這股威力。」不久之後，約翰和羅根成功說服了矽谷創投界大咖 Mayfield 的拉吉·卡普爾（Raj Kapoor）投資。羅根在一封電子郵件中附上了一份投資條件書，信件的開頭只寫了一句話：「附上老虎血。」

桑尼爾：現在他們是一家上市公司了。

安：就在公司上市前，我寫了一封簡短的祝賀信給他們，他們回我說：「謝謝妳的信任。當時我們可能表現得好像有很多選擇，但其實妳是唯一支持我們的人。」

有時候我們慧眼獨具，成為有些公司的唯一支持者，結果它們後來表現出色。我們也碰過，市場上大家都搶著投資的公司，最後它的發展卻沒有成功。

特別是在早期階段，其他人有多興奮，跟這家公司未來的表現如何，根本沒有關係。Pinterest 就是一個很好的例子。在種子輪募資中，所有的人都拒絕了它。觀察這些公司隨著時間如何演變、轉型，真的很有趣，而身為投資人，你需要保持謙虛，並承認自己其實沒有答案。你不知道它會走向何方，只是投資在一群人身上，並希望他們能找到讓公司更加卓越的方法。

桑尼爾：在其他條件相同的情況下，妳是否覺得性格比較有衝勁、大膽的人，往往會在早期階段的提案中更有優勢？

安：我不這麼認為。我認為在競爭激烈、陽剛氣息強烈的環境中，這類性格的人確實更容易引起注意。但我從來不覺得這真的是一種關鍵優勢。這就是為什麼我認為讓投資人的組成更多元，或許是一件好事。

人們以為，競爭與良善是不相容的。跨國金融軟體公司財捷（Intuit）前執行長布萊德・史密斯（Brad Smith）說：「永遠不要把良善誤認為軟弱。」矽谷最優秀的執行長都這樣說了，我相信他。我相信，良善其實是一種強大的力量。當你擁有這樣的價值觀當基礎，才能打造出卓越的組織。

錄音師、DJ和企業家—崔佛・墨菲德瑞斯

這就是我，你不喜歡也沒關係

以前當DJ時，在經常涉足的幾家夜店裡，我會見到全場都是戴著紐約洋基隊帽子的傢伙。那時我會想：「哇，不妙，我今晚得播放一些傑斯和紐約嘻哈音樂。」但其實我播放自己最熟悉的音樂，得到的成就反而更好。後來創業時，我也照著這個方式做。我沒有硬著頭皮去說那種史丹佛商學院出身的人才會說的話，而是用自己懂的方式去溝通，因為這樣才能有效傳達，產生共鳴。

我第一次見到崔佛時，他剛剛為自己的新創公司 Brud 募得了六百萬美元，投資人都是業界的頂尖。Brud 是一家在 Instagram 上經營虛擬網紅的公司。崔佛在成為科技企業家之前，是以藝名 Yung Skeeter 著稱的藝人，曾在魯拉帕路薩（Lollapalooza）和科切拉等音樂節上演出，並為凱蒂・佩芮、阿澤莉亞・班克斯和史蒂夫・青木等人的

表演擔任製作、DJ或導演。二〇〇八年，他獲得《Paper》雜誌的「最佳人氣DJ獎」。我們談到了身分認同，以及不隱藏真實自我的重要性。

桑尼爾：上次我們聊天時你提到，頂級夜店會邀請你去播放嘻哈音樂，但其實你不喜歡嘻哈音樂。

崔佛：是的。當我開始製作和播放音樂時，主流夜店文化中並沒有真正的舞曲場景。那時候，美國流行的就是說唱歌手利爾·喬恩（Lil Jon）那種風格的嘻哈音樂。我當時做的是浩室音樂，但經常被安排表演的地方，現場都是只聽嘻哈音樂的世代。起初，我嘗試迎合所有人的需求，準備的曲目都只為了嘻哈樂迷。但因為並不是真的很懂，所以我覺得這樣做起來有點不真誠。

桑尼爾：所以你決定改變？

崔佛：後來我改變做法，走進場子就做自己，狠狠地將自己熟悉和欣賞的樂曲拋給他們。這樣的呈現整體感更強，因為它是真誠、有真實的氛圍感。有人會買單，有人不會。但買單的人會享受到那種不一樣但又令人興奮的感受。

桑尼爾：你第一次改變做法時，觀眾的反應如何？

崔佛：滿殘酷的。但我後來的做法就是，一進場就不要假裝成另一種樣子，然後中途突然變換。而是一到現場就直接說：「這就是我。能接受就接受，不行就請便。」我發現，很多人遇到不一樣、但讓人感覺不錯的事時，其實滿容易接受的。所以我每次進場時都會想：「好吧，你們一開始大概會有點反感，但過個十分鐘，就會慢慢喜歡上。」

桑尼爾：有沒有什麼反應讓你印象特別深刻？

崔佛：哦，反應多得很，你能想到的都有。記得有次在澤西市一家比較主流的夜店演出，我才開始播放浩室音樂，就有一個體型健壯、很像《黑道家族》影集裡的黑幫人物朝我走來，然後說：「喂，我其實看你不太順眼，也不認同你們這些人的那一套。但你現在放的音樂，我的女友超愛。我從未沒遇過同志，但我喜歡你做的事。」只因為我放浩室音樂，他就認定我是同性戀。這算是一種奇怪、反諷的讚美。我還遇過的其他狀況，包括有人會走上前，開出好幾百美元，叫我別再播放了。

桑尼爾：但身為DJ，目標不是要讓觀眾開心嗎？

崔佛：你沒辦法取悅所有人。你這樣做時，乍看之下好像是最保險的選擇，結果反而會把每個人都得罪光了，因為你做的每一件事都是半吊子。所以，最後只好告訴自己：「好吧，我就做最好的自己，然後試著與那個正在跳舞、享受音樂的人對上眼，然後說：『謝啦！把你的朋友也拉進來吧。』」接著場上有一小群人開始聽你的音樂了；你看著他們，有點像在鼓勵他們繼續跳。這當中有一種心照不宣的默契：只要你們繼續炒熱舞池，我就會繼續播放你們喜歡的音樂。如果享受其中的人夠多，其他人或許也會加入。

桑尼爾：當你開始播放自己想要的音樂時，是否開始出現新的機會？

崔佛：當然有。我真的開始有了突破，就是因為我做回了自己。我認為，如果我只是播放大家每天都在聽的那些音樂，根本不會有什麼特色。但當我走進一個場子，播放的是浩室音樂，結果那晚工作要結束時，忽然有人跑來說了類似這樣的話：「老兄，我有年夏天去以色列，聽到的音樂就像你現在播的，我很喜歡……我是華納兄弟的副總裁，希望能邀你來幫我們的節慶派對放音樂。」突然間，你找到和自己志同道合的人。你不再只是超市貨架上又一款包裝精美的玉米片，而是那包無麩質的天然穀片。對於需要無麩質食物的人來說，他們會很興奮，還會推薦給有同樣需求的朋友。這個道理很簡單，但沒那麼容易一開始就想明白。

桑尼爾：我必須不斷提醒自己要忠於自我。那麼……接下來你是怎麼一路往上發展的？是什麼機緣把你從紐約的夜店帶到科切拉音樂節的舞台上？

崔佛：有次我在放歌時，有位住在紐約市的經紀人說，他以前很喜歡這種曲風，但後來改聽嘻哈音樂。他說：「這挺酷的。我不知道現在還有誰在做這類型音樂。你想不想聊聊？」我又一次因為做回自己，而不是去猜他想聽什麼，結果進展得還不錯。

桑尼爾：但在當時，你還是一個辛苦打拚的藝人……現在你終於有機會在經紀人面前表演。大多數人會先研究一下這位經紀人的背景，然後發現他喜歡嘻哈，就放嘻哈。給他想聽的音樂。這看來才是比較保險的做法。

崔佛：是的。我完全同意。感覺這不必說也知道。我認為，我們這個時代面臨的一大挑戰，是活在由資料驅動的世界。我覺得，要感謝資料的存在，但是要拿來參考，而不是被它主宰，這才是面對資料最好的方式。如果畫一張圓餅圖，標出你真正感興趣的所有事物，而其中有一塊剛好與另一個人的興趣重疊，這當然很好。但我不會盲目地看著資料就說：「這些人喜歡這個，那我就變成這個樣子。」我認為你必須了解自己是誰，以及什麼讓你與眾不同。

桑尼爾：所以你遇到了這位經紀人強尼・馬洛尼（Johnny Maroney），也成了你的支持者。之後發生了什麼事？

崔佛：不久之後，我開始參加大型的音樂節活動，從 Electric Forest，到大型的銳舞派對，再到北京跨年晚會，以及到澳洲巡迴演出。這一切都是由於有個人脈很廣的人說：「嘿，我想有些人可能會懂這種音樂。」然後事情就一個接一個發展開來。當時能參與那波電子舞曲的早期浪潮，讓我有機會接到像歌手凱莎（Kesha）的製作人打來的電話，我們開始合作，我還幫他們設計現場表演和巡迴演出。甚至能與凱蒂．佩芮合作，跟著她在各大型場館演出，巡演一整年，這些其實也都是因為我做回了自己。當然，我熱愛流行音樂，但也對浩室音樂充滿熱情，而我可以用真誠的方式將這兩種音樂串連起來。

桑尼爾：我們把時間快轉幾年，你向投資人推自己的新創公司時，是如何將這種真誠的態度帶到提案的現場？

崔佛：在最初的募資簡報裡，我會說：「嘿，你們投資的對象看起來都不像我，講話方式也不同。所以我會努力變成你們習慣投資的那種人，而且做到最好——而不是做我自己。」但後來，當我開始用真實的自己去提案、展示我真正相信的世界，而不是我認為他們會想相信的那種世界時，事情才開始有進展。

桑尼爾：所以在場的創投家有點像夜店裡那些戴著洋基隊帽子的人？

崔佛：對，有點像。當你身處一間創投基金的會議室，現場坐著十三名合夥人，你一眼望去，心想：「嗯，身穿 Brooks Brothers 西裝、Patagonia 背心、XY 牌服飾、腳踩 Allbirdss……」然後你會想：「好的，從文化的角度來看，我大概理解你們對什麼會感到興奮。我是不是可以硬把幾個你們熟悉的說法或風格，套進我的提案裡，好讓你們產生興趣？」這樣做絕對是錯的。

正確的應對方式是，我會做自己。搞不好這十三個人中沒幾個喜歡我，但只要有一個人欣賞我，也許就可以說服其他合夥人加入，也或者他會說：「你知道嗎？我們可能沒辦法投資這個案子，但我有一個朋友可能有興趣。」這樣你就有機會被真正欣賞你的人看見。

熱情是裝不來的

我認為，真正的熱情是裝不來的。你會感覺到，這個人確實對一件事鑽研得很深入，而且希望挖掘下去。這背後蘊藏著真正的熱情，而不只是短暫的隨便跟風。

約翰是麥克阿瑟基金會的主席，該基金會授予麥克阿瑟獎學金，俗稱「天才獎」。在加入麥克阿瑟基金會之前，他曾擔任麻州安多佛的菁英學校菲利普斯學院的校長（該校有許多著名校友，包括美國前總統老布希和小布希、五位諾貝爾獎得主），以及哈佛法學院的院長。我們從招生的角度，與約翰討論「值得相挺的人」這個主題。他和團隊在尋找潛在「天才」中，會注意什麼特質？

桑尼爾：我聽說，麥克阿瑟基金會在遴選獎助得主時看重三個特質——原創性、獨特見解和潛力。我們來談談潛力。對你來說，它的含意是什麼？

約翰：這確實是個很棒、又有意思的問題。在評選麥克阿瑟獎助得主時，經常有人會問：「你們是否只會押注在年輕人身上，因為他們未來還有很大的發展空間？」但其實這不完全與年齡有關，因為有些人會在人生的不同階段進入巔峰，而只要給予他們適當的資源、聲望和支持，就能幫助他們充分發揮潛能。所以我認為，潛力是由許多不同因素構成的，但說到底，這其實是一種賭注。

桑尼爾：你會把「潛力」視為可能發生、但目前還沒有展現出來的事嗎？

約翰：當然。潛力本來就是指那些目前還沒展現出來，但你相信未來會發生的事，也就是你對「接下來會更好」的期待。我確實認為，對有些人來說，這也帶來不少的壓力——因為會感受到外界期待他們的下一本書、下一齣戲、下一場音樂會……都必須比之前更出色。因此，其中的確隱含著某種壓力，但我認為，這就是潛力的概念：有些事尚未完成，但只要這個人獲得更多機會，這個世界就有可能因此變得更好。

桑尼爾：如果這個人無論有沒有你們的幫助，都能發揮自己的潛力，你會在意嗎？

約翰：絕對會。我經常會進行一種「如果沒有」的分析。「如果沒有」這筆資助、

「如果沒有」這個機會，這個人是否能實現這個目標？舉例來說，像蜜雪兒·歐巴馬這樣的人，很可能會在未來持續做有意義、有創意、創新的事。她本身可能擁有很多其他資源，也早就是家喻戶曉的人物。所以相比之下，我們會更傾向選擇那些尚未獲得這類支持或機會的候選人。因此，我們確實抱持這樣的判斷基準：要特別去尋找那些如果沒有我們的支持，也許就無法充分發揮自己潛力的人。

桑尼爾：在安多佛的學校錄取學生時，你們是否也會用同樣的「如果沒有」分析？

約翰：在審核入學申請時，確實會有一些情況讓我們思考：在打造多元化學生組成的過程中，有些人如果能接受安多佛的教育，未來的貢獻可能會大很多；而其他學生可能由於種種原因，潛力相對受限。這一點，我們當然會列入考量。

桑尼爾：很多人申請競爭激烈的項目時，都會覺得要拚命強調自己的強項。但照你這麼說，這樣做似乎不是最有效的策略。

約翰：對麥克阿瑟獎助金來說，會經過提名、評選和遴選的程序，並不是用申請的方式。但讓我們想像一下，如果你尋求的是資助，而不是要成為獎助金得主，那我認為，展示自己過往的成果紀錄，對每個人來說都很重要。這可以讓決策者看見你的發展歷程。但這不代表一切都要完美無缺。我認為，展現你能克服挑戰，並能充分運用一個富有資源的機構（無論是基金會，還是教育機構）所提供的協助，這一點在整體評估中還是非常重要的一環。

桑尼爾：這是不是代表你要主動指出自己的不足、說明你想完成的目標，並表達沒有這個計畫的支持，你就做不到？

約翰：當然。表達的重點在於：這項教育對你來說有什麼價值，以及你會為社群做什麼貢獻？這兩件事不能分開看，必須合起來一起評估。你要指出自己的潛力和可能性，並幫助機構看到他們可以幫助你實現這些目標。

桑尼爾：麥克阿瑟獎得主林－曼努爾．米蘭達說：「你必須真正愛上自己的構想，因為這是你要為它努力很長一段時間的事。」你如何判斷一個人是否真的愛上自己的構想？

約翰：我認為，真正的熱情是裝不來的。你會感覺到，這個人確實對一件事鑽研得很深入，而且希望挖掘下去。這背後蘊藏著真正的熱情，而不只是短暫的隨便跟風。我也認為，當你看一個人的履歷時，可以看出他是否持續投入某件事一段時間。我今天面試了一位職業生涯還很有發展潛力的應徵者，她在同一家公司待了十五年，做了很多非常有趣的工作。但讓我印象深刻的是，她能持續專注在同一領域這麼長的時間，而且表現非常出色。所以我認為，判斷人是否真的有熱情，不僅要看他們說話時語調的真摯與話題的共鳴感，還要看他們的履歷是否每年都在跳來跳去，而是能在一件事上持續深耕一段時間。這就是我所說的「持續成果紀錄」的重要性。

桑尼爾：如果我們有半個小時的時間相處，而你想了解我對某個構想的熱情，你會問哪些問題？

約翰：我會問各種不同的問題，因為每個人關注的主題都不一樣。我認為重點之一，是讓對方展現出自己能從多面向、多角度來審視這個問題，並深入思考過。最後，如果對方對這個主題真心投入，而你又觸及他們還沒想過的事時，他們通常會眼睛一亮，說：「天啊，我沒想到這個！我和無數人聊過這件事，從來沒有人問過這個問題。」我想，這就是你想花半小時和他們相處的意義。他們不僅在接受面試，也是透過你、你的問題，深化自己對主題的理解，探索這個主題如何演變、正在往哪個方向發展。

結語

玩當下的遊戲

我在二十歲出頭的時候，第一次去矽谷。當時是二〇〇〇年代初期，熱門公司是雅虎、eBay和Hotmail。我對那個世界很著迷，只可惜，我不認識那裡的任何人。於是，我天真地開始主動打電話給科技界所有家喻戶曉的人物，包括維諾德·柯斯拉（Vinod Khosla）和約翰·杜爾（John Doerr）等知名投資人。不出所料，我根本沒有成功聯絡上他們。但在搜尋他們的聯絡資訊中，我偶然看到一篇報導介紹Buck's of Woodside餐廳，並得知那是矽谷圈內人開工作早餐會的地方。文章中有張老闆傑米斯·麥克尼文（Jamis MacNiven）的照片，他穿著保齡球衫，戴著眼鏡，臉上掛著溫暖親切的微笑。

反正沒有什麼好損失的，我就主動聯絡了麥克尼文，詢問我是否可以去他的餐廳介紹一下自己。他爽朗地說：「過來吧！」

我走進餐廳時，馬上又後退一步，重新確認一下地址。心裡納悶著：**這裡**真的是創投家和企業家菁英的聚會場所？因為一進門後，映入眼簾的第一樣東西竟然是一座巨大的自由女神像模型，但是她頭戴墨西哥寬邊帽，手上還拿著甜筒冰淇淋。這裡感覺像是孩子辦生日派對的地方，而不是產業巨頭聚集的熱門地點。

我坐在窗邊，正出神地看著天花板上掛的紀念品和小飾品，這時麥克尼文出來迎接我，他走過來就坐到我對面。他穿著一件短袖夏威夷衫和皺巴巴的卡其褲。這位《華爾街日報》形容為「權力掮客」的人，看起來活像剛從度假村回來一樣。

當我和麥克尼文狼吞虎嚥地吃著十一月的早餐特餐南瓜鬆餅時，他帶著我「坐在位子上導覽」整家餐廳。他指著左邊說：「這就是馬克・安德森為網景募到資金的地方。」接著，他朝前方點點頭又補充：「Hotmail 就是在那張桌子上創辦的。PayPal 是在那裡募集到資金。」

麥克尼文的導覽，把我的注意力從俗氣的佛像、封在玻璃盒內的南西和羅納德・雷根圖像的拖鞋等裝飾品，轉移到我們周圍正在面對面吃早餐的人。二十年前那一刻的所見所聞，讓我驚奇又深受啟發。也正是這次的見聞，最後促使我寫下這本書。

幾乎每張桌子都有類似的模式：一邊坐著穿著正式、頭髮灰白的男士。另一邊，就是一個看起來很像……我的人。年齡和經驗都和我差不多，身上穿的也是我週末會穿的連帽上衣。

我很好奇，穿連帽上衣的人正在對西裝筆挺的男子說什麼。當我陷入沉思時，麥克尼文突然說：「他們正在推銷自己的點子。」我嚇了一跳。我心裡掙扎著該不該把心裡的話說出口，最後，我硬著頭皮說出來了：「可是他們都好年輕。我的意思是……他們的年紀跟我差不多。」麥克尼文端起印著「支持杜卡基斯選州長」標語的咖啡杯，啜了一口，然後望向窗外，彷彿在猶豫是否要跟我說實話。對一個來自美國中西部、二十一歲的年輕人來說，這會不會太沉重？

這時，我想起《駭客任務》裡的場景——墨菲斯拿出一顆紅色藥丸和一顆藍色藥丸。麥克尼文俯身越過桌子，直視我的眼睛，然後指向窗外。「這個地方的主導者……全都是你這個年紀的人。」我一時說不出話來，那一刻，就像我選擇吞下了那顆看清現實的紅色藥丸。

在飛回底特律的整趟航程中，我的腦袋轉個不停，一直想著餐廳裡穿連帽上衣的人，他們似乎明白一些我不懂的事。那是我直到好幾年後才真正領悟的：這個世界上有兩種人，一種人在玩「等到有一天」的遊戲，另一種人玩的是「當下」的遊戲。

我遇到的每一個值得相挺的人，在他們職涯的某一個階段，都學到了要去玩當下的遊戲。當布萊恩．葛瑟試圖打入好萊塢時，他說服了業界最有影響力的推手盧．瓦瑟曼（Lew Wasserman）給他一些職業建議。會面開始兩分鐘後，當葛瑟正在分享自己背景時，瓦瑟曼打斷他，然後說：「好了，夠了！拿一張紙來。」瓦瑟曼告訴他，就開始寫吧，不要再談論寫作了，直接寫吧。那張紙最後促成了由湯姆．漢克斯主演的《美人魚》，而且葛瑟不久後就與朗．霍華共同創辦了想像娛樂公司。他回顧那個簡單的行動——將自己的點子寫下來，就是決定自己職涯的關鍵時刻。那就是他開始玩當下遊戲的那一刻。

我在對著一群觀眾講話的時候，很喜歡用一個簡單的活動來開場。我會說：「如果你心裡有一個很有創意的點子，就站起來。任何新的點子都可以，可以很簡單，也可以很有開創性。它可以是一個新產品、新流程……任何你認為可能帶來**有意義**改變的點子。」

沒過幾秒，絕大多數人都站了起來。

然後，我會說：「如果你還**沒有**分享這個點子，就繼續站著。」

超過一半的觀眾仍然站著。

我做這個活動已經很多年了，結果都是一樣。與此同時，很多公司卻花費數十億美元聘請外部顧問和高價智庫，希望挖掘其實早就存在自家員工腦海裡的點子。這些很有才華的構想，就這樣明擺在眼前，卻始終被忽視。

聖雄甘地說過：「我們實際去做的事和我們有能力做的事，兩者之間的差距足以解決世上大多數的問題。」如今，比任何時候都更需要善良的人停止玩「等到有一天」的遊戲，開始玩「當下」的遊戲。這一切，就從你開始。

最瘋狂的點子，也就是那些最有可能改變世界的點子，往往也是最難說服人接受的。但這不代表我們得就此放棄。我們要培養技能、投入心力，讓自己成為值得相挺的人。我們也會像所有值得相挺的人一樣，最終都會認清：**被拒絕時，總會有另一扇門等著你去敲**。

如果這不足以說服你投入當下的遊戲，那請想想這一點：即使我們的點子沒有抵達預期的目的地，它們在過程中仍然會感動和激勵他人。說實話，Rise 並沒有成為我夢想中的那種重磅公司。當它出售給 One Medical 時，對我們的團隊來說是一個很好的結果，對我們的股東來說也是一筆豐厚的回報——但我在簽署最後文件時，心裡五味雜陳。我曾經希望，我們能有更多的成就。

但在公司出售的幾年後，有人找上我，他們正在打造自己版本的 Rise。我也受邀在教室和醫院分享自己從這段經歷中學到的事。在一場由《財星》雜誌主辦的會議上，有位創業家談到他打造的一項服務，能大幅降低心理健康照護的成本。當有人問他這個點子是怎麼來的時候，他說：「我的靈感來源是一個叫 Rise 的服務。」他並不知道我就坐在台下，他的話讓我一時愣住，因為我們從未見過面。當選擇投入當下的遊戲時，我們做的事帶來的直接結果，往往不是故事的終點。

我現在知道，有六個字讓大多數人遲遲無法開始投入當下的遊戲：「**我還沒準備好**」。我還沒準備好創業；我還沒準備好寫那份提案；我還沒準備好說出自己的想法。我們都有過這種感覺。即使在我打出這份書稿最後幾個字的時候，也能聽到一個微弱、有時甚至很響亮的聲音在說：憑什麼是你？為什麼有人會想看你寫的內容？

但在花了五年多的時間採訪和研究那些改變世界的人之後，我突然領悟到：**沒有人是「準備好」的**。對一個毫無創業經驗的對沖基金經理人來說，打造網路書店不見得是他已經準備好的事。從設計學校畢業的兩個好朋友，也沒有準備好要顛覆住宿產業。一個來自斯德哥爾摩、年僅十五歲的孩子，更沒有準備好要領導一場全球的環保運動。但如今，亞馬遜不僅是全世界最大的網路書店，也是最大的線上零售商。每一天都有數十萬人透過 Airbnb 找到落腳處。[1] 瑞典環保少女格蕾塔・通貝里被《時代》雜誌評為史上最年輕的年度風雲人物。

我的媽媽成為福特公司的第一位女性工程師，不僅為自己創造了機會，也為家人和身邊的人創造可能性。一九六七年，她的車在密西根州安娜堡郊外拋錨，她找到一處電話亭，翻著電話簿，尋找她腦海中想到的最常見的印度名字。接電話的人是我的父親蘇巴斯・古普塔（Subhash Gupta）。他們在一年內結婚，並育有兩個兒子——桑杰和我。

我們在一個安全到有點無聊的郊區長大，從未經歷過媽媽面臨的艱困環境。但不知何故，桑杰和我都遺傳了她的難民心態——一種無常感和樂觀精神並存的奇特組合。只要我們有一個目標，媽媽就會逼著我們想辦法去實現，而且是**現在**就去想辦法。她不許我們玩「等到有一天」的遊戲。

我的哥哥桑杰在底特律當醫生好多年後，萌生了一個想法：醫生也可以上電視報導新聞。儘管他沒有任何播報經驗，但媽媽告訴他，要相信自己，然後想辦法去實現。就像她當年找到福特公司的招聘經理一樣，桑杰也成功爭取到與CNN高階主管和製作人面試的機會。

桑杰知道成為電視記者的機會渺茫，但他利用孵化期為這一刻做好準備。他正面迎擊「缺乏上鏡經驗」的質疑，然後指出，身為執業醫生，他與患者（也就是他的核心人物）有更實際的互動，遠勝於一般記者。他早就置身在CNN想報導的那些故事中，也累積了足夠的內幕和第一手經驗可以分享。

我在那家古怪餐廳與麥克尼文會面的幾週後，桑杰以醫生身分首次出現在CNN上。過去二十年來，從911事件到新冠肺炎疫情，我自豪地看著哥哥在電視上報導新聞。他不斷提醒我們共同面對挑戰，也不斷提醒我，要持續玩當下的遊戲。

這就是為什麼我決定搬回密西根州競選國會議員時，桑杰是我第一個打電話聯絡的人。二〇一六年，川普以不到一萬一千票的差距贏下了該州。身為民主黨人，我希望回家鄉幫忙扭轉局勢。

競選公職從很多方面來看，就像創辦一家公司：行動要快速，也會犯很多錯誤，而且資金總是不夠用。但我們擁有一項重要的資產——媽媽。她在七十六歲時，走出清閒的退休生活，投入我的競選活動，比團隊任何成員都更積極地挨家挨戶助選。選舉當晚，結果難分高下之際，她甚至比莉娜和我還要晚睡，想等待結果揭曉。

第二天早上醒來，我得知自己落選了。我躺在床上，盯著螢幕上的選舉結果，耳邊傳來媽媽在樓下煮印度奶茶的聲響。那輕柔的聲音把我帶回到童年，那時的我只想讓她感到驕傲。這一刻的感覺，就像家長會後的隔天早晨一樣忐忑，我忍不住想像，如果選舉結果不一樣，她一定會非常自豪——畢竟，這就代表我真的照她教的那樣去玩好一場當下的遊戲，而且贏了選戰。

我慢慢走下樓，心裡準備好要聽她說些失望的話。但當我走進廚房，媽媽一句話也沒說。她放下杯子，走過來，緊緊抱住了我。

當下的遊戲不一定會帶來成功。但成功的反面不是失敗，而是無聊。所以，讓我們一起玩這場遊戲吧。為那些讓自己充滿熱情的構想奮鬥，並鼓勵更多善良的人加入行列。讓我們一起體驗那些值得永遠珍惜的時刻——即使它們也曾帶來痛苦。

因為你已經準備好了。

致謝

我第一次見到卡莉．阿德勒時，她已經與幾位非常傑出的思想家和商業領袖共同寫過書。我既不是思想家，也不是企業巨擘，所以她願意成為我的寫作夥伴，我真是又驚又喜。如果不是卡莉，這本書不過是一堆零碎的想法拼湊而成。她給了這本書一個連貫的核心結構，讓當中的理念有了靈魂。

在這個寫作計畫的最後十個月，Dikran Ornekian 加入我們的團隊。人生中有個難得的禮物就是：摯友成為你一輩子的合作夥伴。自從我們在 Village Oaks 小學外的少棒球場初次見面那天起，我一直看著 Dikran 如何用創意讓原本枯燥無味的事物變生動。這正是他在本書中做的事。

感謝 Joel Stein、Andrew Waller 和 Campbell Schnebly 花時間審閱了本書的初期草稿，並提供新點子讓本書內容更扎實。

謝謝編輯 Phil Marino 將本書推到了極致。我最初把這本書定位為一本主要寫給創業者的書，但 Phil 一直相信這本書的格局可以更大。他和 Little, Brown 出版公司的許多才華橫溢夥伴，給了我更大的信心和空間去放大格局、大膽構思。特別感謝 Bruce

Nichols 願意接手這本書，以及英國的 Claudia Connal 和 Faye Robson 細讀全書，讓它更適合全球讀者閱讀。

David Vigliano 是業界公認的頂尖經紀人。他對出版業有敏銳的第六感，看他工作的樣子，就像觀賞一名菁英運動員在場上發揮一樣。很感激他在我沒有任何作品紀錄、也無法證明自己能寫作之下，接下我這個客戶。

Bob Thomas 和他在 Worldwide Speakers Group 的團隊，一開始就看好本書，並幫助我們將這個主題呈現在世界各地的優秀觀眾面前。即使在疫情期間，他們也幫助這個計畫在不確定的時期中順利進行。

這本書源自於我的故事，而能夠完成它，要感謝許多人。爸爸和媽媽教會我如何設定目標和努力工作。桑杰教我如何不斷重新審視這些目標是否符合自己的真我。Andy Mahoney 擔任我的事業和人生教練將近十年，如果沒有他的鼓勵，我永遠不會走上寫書的道路。

在疫情期間，我的女兒 Samara（暱稱 Sammy）和 Serena（暱稱 Zuzu）讓家中充滿歡樂。寫作基本上是一件孤獨的事，但因為她們，我從來不覺得孤單。八歲的 Sammy 會為本書畫封面。三歲的 Serena 會聽我讀草稿，然後看著我的眼睛說：「爸爸，好棒。」我想她們未來大概用不上這本書，但我希望女兒知道，她們對這本書的完成是多麼重要。

莉娜一直對這本書很有信心，哪怕那時連我自己都沒什麼把握。對我，她也是如此。我之所以成為現在的我……全因為她願意賭上一把，給我一個機會。

參考文獻

前言　翻轉人生，從贏得別人相挺開始

1. Alistair Barr and Clare Baldwin, "Groupon's IPO biggest by U.S. Web company since Google," *Reuters*, November 4, 2011, accessed April 8, 2020, https://www.reuters.com/article/us-groupon/groupons-ipo-biggest-by-u-s-web-company-since-google-idUSTRE7A352020111104
2. Dominic Rushe, "Groupon fires CEO Andrew Mason after daily coupon company's value tumbles," *Guardian*, February 28, 2013, accessed April 8, 2020, https://www.theguardian.com/technology/2013/feb/28/andrew-mason-leaves-groupon-coupon
3. Eric Johnson, "Why former Groupon CEO Andrew Mason regrets telling everyone he was fired," *Vox*, December 13, 2017, accessed September 2, 2020, https://www.vox.com/2017/12/13/16770838/groupon-ceo-andrew-mason-descript-audio-startup-recording-word-processor-recode-decode
4. Howard Berkes, "Challenger engineer who warned of shuttle disaster dies," *NPR*, February 21, 2016, accessed January 30, 2020, https://www.npr.org/sections/thetwo-way/2016/03/21/470870426/challenger-engineer-who-warned-of-shuttle-disaster-dies
   Sarah Kaplan, "Finally free from guilt over Challenger disaster, an engineer dies in peace," *The Washington Post*, March 22, 2016, accessed August 20, 2020, https://www.washingtonpost.com/news/morning-mix/wp/2016/03/22/finally-free-from-guilt-over-challenger-disaster-an-engineer-dies-in-peace
   William Grimes, "Robert Ebeling, Challenger Engineer Who Warned of Disaster, Dies at 89," *The New York Times*, March 25, 2020, accessed August 8, 2020, https://www.nytimes.com/2016/03/26/science/robert-ebeling-challenger-engineer-who-warned-of-disaster-dies-at-89.html
5. *Encyclopaedia Britannica Online*, Editors of *Encyclopaedia Britannica*, s.v. "Christa Corrigan McAuliffe," accessed September 2, 2020, https://www.britannica.com/biography/Christa-Corrigan-McAuliffe
6. Berkes, "Challenger engineer."
7. U.S. Justice Department, U.S. Attorney's Office Southern District of New York, "William

McFarland Sentenced To 6 Years In Prison In Manhattan Federal Court For Engaging In Multiple Fraudulent Schemes And Making False Statements To A Federal Law Enforcement Agent," October 11, 2018, accessed September 1, 2020, https://www.justice.gov/usao-sdny/pr/william-mcfarland-sentenced-6-years-prison-manhattan-federal-court-engaging-multiple
Fyre: The Greatest Party that Never Happened, Directed by Chris Smith. Originally aired on *Netflix*, January 18, 2019.

8. *Time*, "Groundbreaker: Damyanti Gupta, First female engineer with an advanced degree at Ford Motor Company," July 29, 2018, accessed August 20, 2020, https://time.com/collection/firsts/5296993/damyanti-gupta-firsts
9. *Time*, "Groundbreaker."
10. Dr. Sanjay Gupta, "The Women Who Changed My Life," *CNN.com*, February 2, 2016, accessed September 2, 2020, https://www.cnn.com/2016/01/13/health/person-who-changed-my-life-sanjay-gupta/index.html
11. Reshma Saujani, "Girls who code," filmed July 13, 2011, in New York, NY, *TED* video, 6:49, accessed September 2, 2020, https://youtu.be/ltoLOeE7K4A?t=119

步驟 1　先說服自己

1. Mark Patinkin, "Mark Patinkin: Recalling when Mister Rogers softened a tough Rhode Island senator," *Providence Journal*, May 31, 2017, accessed September 2, 2020, https://www.providencejournal.com/news/20170531/mark-patinkin-recalling-when-mister-rogers-softened-tough-rhode-island-senator
2. "Sir Ken Robinson on how to encourage creativity among students," *CBS This Morning*, March 13, 2019, accessed September 2, 2020, video, 7:02, https://www.youtube.com/watch?v=4DDRNvs6D1I https://www.ted.com/talks/sir_ken_robinson_do_schools_kill_creativity
3. Minda Zetlin, "Elon Musk fails Public Speaking 101. Here's why we hang on every word (and what you can learn from him)," *Inc.*, September 30, 2017, accessed January 28, 2020, https://www.inc.com/minda-zetlin/elon-musk-fails-public-speaking-101-heres-why-we-hang-on-every-word-what-you-can-learn-from-him.html
4. Mic Wright, "The original iPhone announcement annotated: Steve Jobs' genius meets Genius," *Next Web*, September 9, 2015, accessed September 2, 2020, https://thenextweb.com/apple/2015/09/09/genius-annotated-with-genius

5. "Making life multiplanetary," *SpaceX*, September 29, 2017, accessed September 2, 2020, video, 1:34, https://www.youtube.com/watch?v=tdUX3ypDVwI
6. "Mugaritz — back from the brink," *Caterer*, February 17, 2011, accessed September 2, 2020, https://www.thecaterer.com/news/restaurant/mugaritz-back-from-the-brink
7. *The World's 50 Best Restaurants* list
8. Noel Murray, "A new Netflix docuseries heads inside Bill Gates' brain, but it keeps getting sidetracked," *Verge*, September 18, 2019, accessed September 2, 2020, https://www.theverge.com/2019/9/18/20872239/inside-bills-brain-decoding-bill-gates-movie-review-netflix-microsoft-documentary-series
9. "How to convince investors," August 2013, *PaulGraham.com*, accessed September 2, 2020, http://paulgraham.com/convince.html
10. Bel Booker, "Lego's growth strategy: How the toy brand innovated to expand," *Attest*, September 12, 2019, accessed April 2, 2020, https://www.askattest.com/blog/brand/legos-growth-strategy-how-the-toy-brand-innovated-to-expand
11. Booker, "Lego's growth strategy."
12. Hillary Dixler Canavan, "Mugaritz is now serving moldy apples," *Eater*, July 31, 2017, accessed September 2, 2020, https://www.eater.com/2017/7/31/16069652/mugaritz-noble-rot-moldy-apples
13. Elizabeth Foster, "LEGO revenue increases 4% in fiscal 2018," *Kidscreen*, February 27, 2019, accessed April 2, 2020, https://kidscreen.com/2019/02/27/lego-revenue-increases-4-in-fiscal-2018

    Saabira Chaudhuri, "Lego returns to growth as it builds on U.S. momentum," *Wall Street Journal*, February 27, 2019, accessed April 2, 2020, https://www.wsj.com/articles/lego-returns-to-growth-as-it-builds-on-china-expansion-11551259001
14. "Hello Monday: Troy Carter," *LinkedIn Editors*, February 26, 2020, video, 33:01, accessed September 2, 2020, https://www.youtube.com/watch?v=qAtj1HUuZC0
15. Lisa Robinson, "Lady Gaga's Cultural Revolution," *Vanity Fair*, September 2010, accessed August 21, 2020, https://archive.vanityfair.com/article/2010/9/lady-gagas-cultural-revolution

    "'Pick Yourself Up' — Lady Gaga's West Virginia Roots and Her Grandma's Inspiring Words That Helped Make a Star," *Moundsville: Biography of a Classic American Town*, *PBS*, March 11, 2019, accessed August 21, 2020, https://moundsville.org/2019/03/11/pick-yourself-up-lady-gagas-west-virginia-roots-and-her-grandmas-inspiring-words-that-helped-make-a-star
16. Joseph Lin, "What diploma? Lady Gaga," *Top 10 College Dropouts*, *Time*, May 10,

2010, accessed March 23, 2020, http://content.time.com/time/specials/packages/article/0,28804,1988080_1988093_1988083,00.html
Vanessa Grigoriadis, "Growing Up Gaga," *New York magazine*, March 26, 2010, accessed August 21, 2020, https://nymag.com/arts/popmusic/features/65127
17. Sissi Cao, "Jeff Bezos and Dwight Schrute both hate PowerPoint," *Observer*, April 19, 2018, accessed September 2, 2020, https://observer.com/2018/04/why-jeff-bezos-doesnt-allow-powerpoint-at-amazon-meetings
18. Shawn Callahan, "What might Amazon's 6-page narrative structure look like?" *Anecdote*, May 8, 2018, accessed September 2, 2020, https://www.anecdote.com/2018/05/amazons-six-page-narrative-structure
19. Jonathan Haidt, *The Happiness Hypothesis*, Basic Books, Perseus Book Group, 2006, https://www.happinesshypothesis.com/happiness-hypothesis-ch1.pdf
20. "Playwright, composer, and performer Lin-Manuel Miranda, 2015 MacArthur Fellow," *MacArthur Foundation*, September 28, 2015, video, 3:25, accessed September 2, 2020, https://youtu.be/r69-fohpJ3o?t=15
21. Vinamrata Singal, "Introducing Jimmy Chen — Propel," *Medium*, August 8, 2017, accessed September 2, 2020, https://medium.com/social-good-of-silicon-valley/introducing-jimmy-chen-propel-ed02c3014e75

步驟 2　設定一個核心人物

1. Eric Savitz, "Kirsten Green," *Barron's*, March 20, 2020, accessed September 2, 2020, https://www.barrons.com/articles/barrons-100-most-influential-women-in-u-s-finance-kirsten-green-51584709202
Kirsten Green, "Empowerment: Forerunner and Fund IV," *Medium*, October 8, 2018, accessed September 2, 2020, https://medium.com/forerunner-insights/empowerment-forerunner-at-fund-iv-1dd0cc1b6bc9
2. Dave Nussbaum, "Writing to persuade: Insights from former New York Times op-ed editor Trish Hall," *Behavioral Scientist*, March 16, 2020, accessed September 2, 2020, https://behavioralscientist.org/writing-to-persuade-insights-from-former-new-york-times-op-ed-editor-trish-hall
3. *Inside Bill's Brain*, episode 2, directed by Davis Guggenheim, released September 20, 2019, on Netflix

4. Stephanie Rosenbloom, "The World According to Tim Ferriss," *New York Times*, March 25, 2011, accessed August 19, 2020, https://www.nytimes.com/2011/03/27/fashion/27Ferris.html?src=twrhp
5. Tim Ferriss, *The Tim Ferriss Show Transcripts: The 4-Hour Workweek Revisited* (#295), February 6, 2018, accessed September 2, 2020, https://tim.blog/2018/02/06/the-tim-ferriss-show-transcripts-the-4-hour-workweek-revisited
6. "Here's how Airbnb and Pixar use storytelling to bring great experiences to travelers," *Next Generation Customer Experience*, accessed September 2, 2020, https://nextgencx.wbresearch.com/airbnb-pixar-use-storytelling-better-travel-experience-ty-u
7. Sarah Kessler, "How Snow White helped Airbnb's mobile mission," *Fast Company*, November 8, 2012, accessed September 2, 2020, https://www.fastcompany.com/3002813/how-snow-white-helped-airbnbs-mobile-mission
8. DocSend and Tom Eisenmann, "What We Learned From 200 Startups Who Raised $360M," July 2015, accessed August 21, 2020, https://docsend.com/view/p8jxsqr
9. Russ Heddleston, "Data tells us that investors love a good story," *TechCrunch*, April 12, 2019, accessed September 2, 2020, https://techcrunch.com/2019/04/12/data-tells-us-that-investors-love-a-good-story
10. Christopher Steiner, "Groupon's Andrew Mason did what great founders do," *Forbes*, February 28, 2013, accessed September 2, 2020, https://www.forbes.com/sites/christophersteiner/2013/02/28/groupons-andrew-mason-did-what-great-founders-do
11. Eric Newcomer, "In video, Uber CEO argues with driver over falling fares," *Bloomberg*, February 28, 2017, accessed September 2, 2020, https://www.bloomberg.com/news/articles/2017-02-28/in-video-uber-ceo-argues-with-driver-over-falling-fares
12. Johana Bhuiyan, "A new video shows Uber CEO Travis Kalanick arguing with a driver over fares," *Vox*, February 28, 2017, accessed May 1, 2020, https://www.vox.com/2017/2/28/14766964/video-uber-travis-kalanick-driver-argument

步驟 3　用心找到的獨到祕密

1. September 2, 2020, https://a16z.com/2018/08/04/earned-secrets-ben-horowitz-interns-2018 (start at 8:15)
2. https://getpaidforyourpad.com/blog/the-airbnb-founder-story/#:~:text=It's%20late%202007%20in%20San,just%20moved%20from%20New%20York.&text=They%20bought%20

a%20few%20airbeds,and%20breakfast%20in%20the%20morning

3. Steven Levitt, "The freakonomics of crack dealing," filmed February 2004 in Monterey, California, *TED* video, 21:03, accessed September 2, 2020, https://www.ted.com/talks/steven_levitt_the_freakonomics_of_crack_dealing/transcript?language=en
4. Jessica Bennett, "Inside a Notorious Street Gang," *Newsweek*, January 31, 2008, accessed August 23, 2020, https://www.newsweek.com/inside-notorious-street-gang-86603
   "Researcher Studies Gangs by Leading One," *NPR*, January 12, 2008, retrieved August 23, 2020, https://www.npr.org/transcripts/18003654
5. Shannon Bond, "Logan Green, the carpooling chief executive driving Lyft's IPO," *Financial Times*, March 8, 2019, accessed August 24, 2020, https://www.ft.com/content/8a55de94-414e-11e9-b896-fe36ec32aece
   Mike Isaac and Kate Conger, "As I.P.O Approaches, Lyft CEO Is Nudged into the Spotlight," *New York Times*, January 27, 2019, accessed September 1, 2020, https://www.nytimes.com/2019/01/27/technology/lyft-ceo-logan-green.html
6. Nick Romano, "Howard Stern to release first book in more than 20 years," *Entertainment Weekly*, March 12, 2019, accessed January 29, 2020, https://ew.com/books/2019/03/12/howard-stern-comes-again-book
7. "Simon & Schuster's Jonathan Karp Calls Howard Stern His White Whale," *The Howard Stern Show*, May 14, 2019, retrieved January 28, 2020, https://www.youtube.com/watch?v=BOddXs4uzxc

步驟 4　讓人覺得這是「勢在必行」的選擇

1. Malcolm Lewis, "AirBnB pitch deck," March 12, 2015, slide 4, accessed September 2, 2020, https://www.slideshare.net/PitchDeckCoach/airbnb-first-pitch-deck-editable
2. "Rent the Runway: Jenn Hyman," *How I Built This with Guy Raz*, *NPR*, August 7, 2017, retrieved August 18, 2020, https://www.npr.org/2017/09/21/541686055/rent-the-runway-jenn-hyman
3. Adrian Granzella Larssen, "What we've learned: A Q&A with Rent the Runway's founders," *The Muse*, accessed September 2, 2020, https://www.themuse.com/advice/what-weve-learned-a-qa-with-rent-the-runways-founders
4. Kantar, *Worldpanel Division US, Beverages Consumption Panel*, 12 March 2014
5. Daniel Kahneman, "Daniel Kahneman," *Biographical*, *The Nobel Prize*, 2002, accessed

August 25, 2020, https://www.nobelprize.org/prizes/economic-sciences/2002/kahneman/biographical
Amos Tversky and Daniel Kahneman, "Loss Aversion in Riskless Choice: A Reference-Dependent Model," *The Quarterly Journal of Economics* 106, 4 (November 1991): 1039–1061, https://doi.org/10.2307/2937956
6. Minda Zetlin, "Blockbuster could have bought Netflix for $50 million, but the CEO thought it was a joke," *Inc.*, September 20, 2019, accessed September 2, 2020, https://www.inc.com/minda-zetlin/netflix-blockbuster-meeting-marc-randolph-reed-hastings-john-antioco.html
Marc Randolph, "He 'was struggling not to laugh': Inside Netflix's crazy, doomed meeting with Blockbuster," *Vanity Fair*, September 17, 2019, accessed September 2, 2020, https://www.vanityfair.com/news/2019/09/netflixs-crazy-doomed-meeting-with-blockbuster
7. Bill Cotter, *Seattle's 1962 World's Fair* (Mount Pleasant, SC: Arcadia, 2015), 28, accessed September 2, 2020, https://books.google.com/books?id=LefRCgAAQBAJ&pg=PA27
8. Matt Novak, "GM Car of the Future," *Paleofuture*, https://paleofuture.com/blog/2007/6/29/gm-car-of-the-future-1962.html
9. Dan Primack and Kirsten Korosec, "GM buying self-driving tech startup for more than $1 billion," *Fortune*, March 11, 2016, accessed September 2, 2020, https://fortune.com/2016/03/11/gm-buying-self-driving-tech-startup-for-more-than-1-billion
10. "Ford invests in Argo AI, a new artificial intelligence company, in drive for autonomous vehicle leadership," *Ford Media Center*, February 10, 2017, accessed September 2, 2020, https://media.ford.com/content/fordmedia/fna/us/en/news/2017/02/10/ford-invests-in-argo-ai-new-artificial-intelligence-company.html
11. Megan Rose Dickey, "Waymo expands autonomous driving partnership with Fiat Chrysler," *TechCrunch*, May 31, 2018, accessed September 2, 2020, https://techcrunch.com/2018/05/31/waymo-expands-autonomous-driving-partnership-with-fiat-chrysler
12. "Uber to use self-driving Mercedes-Benz cars," *Fleet Europe*, February 1, 2017, accessed September 2, 2020, https://www.fleeteurope.com/fr/connected-financial-models-smart-mobility/europe/news/uber-use-self-driving-mercedes-benz-cars
13. Jefferies, "The Millennial's New Clothes: Apparel Rental and the Impact to Retailers," August 19, 2019, https://drive.google.com/file/d/1dzBxn11213S9Ew4BqeWOn_Ky-4sGaNdz/view
14. Case study: https://www.zuora.com/our-customers/case-studies/zoom
15. Sarah Lacy, "Amazon buys Zappos; the price is $928m., not $847m.," *TechCrunch*, July 22, 2009, accessed September 2, 2020, https://techcrunch.com/2009/07/22/amazon-buys-zappos

16. Collen DeBaise, "Cinderella dreams, shoestring budget? No problem," *Wall Street Journal*, February 16, 2011, accessed January 28, 2020, https://www.wsj.com/articles/SB10001424052748703373404576148170681457268
17. Jessica Klein, "35% of the U.S. workforce is now freelancing — 10 million more than 5 years ago," *Fast Company*, October 3, 2019, accessed September 2, 2020, https://www.fastcompany.com/90411808/35-of-the-u-s-workforce-is-now-freelancing-10-million-more-than-5-years-ago
18. Dakin Campbell, "How WeWork spiraled from a $47 billion valuation to talk of bankruptcy in just 6 weeks," *Business Insider*, September 28, 2019, accessed September 2, 2020, https://www.businessinsider.com/weworks-nightmare-ipo
19. Madeline Cuello, "What is the gig economy?" *WeWork*, November 27, 2019, accessed January 30, 2019, https://www.wework.com/ideas/what-is-the-gig-economy
20. Eliot Brown, "How Adam Neumann's Over-the-Top Style Built WeWork: 'This Is Not the Way Everybody Behaves,'" *The Wall Street Journal*, September 18, 2019, retrieved August 20, 2020, https://www.wsj.com/articles/this-is-not-the-way-everybody-behaves-how-adam-neumanns-over-the-top-style-built-wework-11568823827
21. Gary Krakow, "Happy birthday, Palm Pilot," *MSNBC.com*, March 22, 2006, accessed January 30, 2020, http://www.nbcnews.com/id/11945300/ns/technology_and_science-tech_and_gadgets/t/happy-birthday-palm-pilot
22. Alexis Madrigal, "The iPhone was inevitable," *Atlantic*, June 29, 2017, accessed January 30, 2020, https://www.theatlantic.com/technology/archive/2017/06/the-iphone-was-inevitable/531963

步驟 5　把局外人變成同陣營夥伴

1. Laura Spinney, "The hard way: Our odd desire to do it ourselves," *New Scientist*, December 20, 2011, accessed September 2, 2020, https://www.newscientist.com/article/mg21228441-800-the-hard-way-our-odd-desire-to-do-it-ourselves/
2. Michael I. Norton, Daniel Mochon, and Dan Ariely, "The 'IKEA effect': When labor leads to love" (working paper 11-091, Harvard Business School, 2011), accessed September 2, 2020, https://www.hbs.edu/faculty/publication%20files/11-091.pdf
3. Norton, Mochon, and Ariely, "The 'IKEA effect.'"
4. Salman Rushdie, *Midnight's Children* (London: Everyman's Library, 1995).

5. Phil Alexander, "One Louder!", *Mojo*, February 2010, p. 77.
6. Matthew Creamer, "Apple's first marketing guru on why '1984' is overrated," *AdAge*, March 1, 2012, accessed January 28, 2020, https://adage.com/article/digital/apple-s-marketing-guru-1984-overrated/232933
7. "Steve Jobs: The man in the machine," *CNN*, January 9, 2016, accessed January 28, 2020, https://archive.org/details/CNNW_20160110_020000_Steve_Jobs_The_Man_in_the_Machine/start/1080/end/1140
8. Regis McKenna, "My biggest mistake: Regis McKenna," *Independent*, November 11, 1992, accessed January 28, 2020, https://www.independent.co.uk/news/business/my-biggest-mistake-regis-mckenna-1556795.html
9. Sarah Buhr, "Piper Pied imitates HBO's Silicon Valley and creates lossless compression for online images," *TechCrunch*, May 3, 2015, accessed September 2, 2020, https://techcrunch.com/2015/05/03/ppiper-pied-imitates-hbos-silicon-valley-and-creates-lossless-compression-for-online-images/
   Kyle Russell, "Facebook acquires QuickFire Networks, a 'Pied Piper' for video," *TechCrunch*, January 8, 2015, accessed September 2, 2020, https://techcrunch.com/2015/01/08/facebook-acquires-quickfire-networks-a-pied-piper-for-video/
10. "Inaugural address of John F. Kennedy," January 20, 1961, *Avalon Project*, Yale Law School, accessed September 2, 2020, https://avalon.law.yale.edu/20th_century/kennedy.asp
11. "MBA entering class profile," Stanford Graduate School of Business, accessed September 2, 2020, https://www.gsb.stanford.edu/programs/mba/admission/class-profile
12. https://www.aspeninstitute.org/programs/henry-crown-fellowship/nominate-henry-crown-fellowship/
13. Amy Larocca, "The magic skin of Glossier's Emily Weiss," *New York magazine*, January 8, 2018, accessed September 2, 2020, https://www.thecut.com/2018/01/glossier-emily-weiss.html
14. Staff of Entrepreneur Media, *Entrepreneur Voices on Growth Hacking* (Irvine, CA: Entrepreneur Press, 2018), accessed September 2, 2020, https://books.google.com/books?id=6KBTDwAAQBAJ&pg=PT126
15. Staff of Entrepreneur Media, *Entrepreneur Voices on Growth Hacking*.
16. Anthony Noto, "Kirsten Green's Forerunner Ventures raises $350M," *Business Journals*, October 9, 2018, accessed September 2, 2020, https://www.bizjournals.com/bizwomen/news/latest-news/2018/10/kirsten-greens-forerunner-ventures-raises-350m.html
17. Bridget March, "Glossier is now valued at more than $1.2 billion," *Harper's Bazaar*, March

20, 2019, accessed September 2, 2020, https://www.harpersbazaar.com/uk/beauty/make-up-nails/a26881951/glossier-valuation-unicorn/
Lawrence Ingrassia, "Meet the Investor Who Bet Early on Warby Parker, Glossier, and Dollar Shave Club," *Medium*, February 13, 2020, accessed August 26, 2020, https://marker.medium.com/meet-the-investor-who-bet-early-on-warby-parker-dollar-shave-club-and-glossier-9809fc9ea1e
18. Polina Marinova, "Stitch Fix CEO Katrina Lake joins the board of beauty products company Glossier," *Fortune*, June 26, 2018, accessed September 2, 2020, https://fortune.com/2018/06/26/katrina-lake-stitchfix-glossier/
19. *Masters of Scale*, "The Reid Hoffman Story (Part 2) Make Everyone a Hero," https://mastersofscale.com/wp-content/uploads/2019/02/mos-episode-transcript-reid-hoffman-part-2.pdf
20. Penelope Burk, *Donor-Centered Fundraising*, Second Edition (Chicago: Cygnus Applied Research Inc., 2018), https://cygresearch.com/product/donor-centered-fundraising-new-edition/

步驟 6　正式上場前，不斷熱身練習

1. Hunter Walk, "Do it in real time: Practicing your startup pitch," *Hunter Walk* (blog), July 25, 2019, accessed September 2, 2020, https://hunterwalk.com/2019/07/25/do-it-in-real-time-practicing-your-startup-pitch/
2. Life Healthcare, Inc. (form S-1 registration statement, U.S. Securities and Exchange Commission, January 3, 2020), accessed September 2, 2020, https://www.sec.gov/Archives/edgar/data/1404123/000119312520001429/d806726ds1.htm
3. Melia Robinson, "After trying One Medical, I could never use a regular doctor again," *Business Insider*, January 28, 2016, accessed January 29, 2020, https://www.businessinsider.com/what-its-like-to-use-one-medical-group-2016-1#the-freedom-to-easily-see-a-doctor-in-40-locations-nationwide-makes-one-medical-group-the-best-practice-ive-ever-used-22
4. "The World's 50 Most Innovative Companies 2017," *Fast Company*, accessed September 2, 2020, https://www.fastcompany.com/most-innovative-companies/2017/sectors/health
5. Esther Perel, "The secret to desire in a long-term relationship," TEDSalon NY 2013, https://www.ted.com/talks/esther_perel_the_secret_to_desire_in_a_long_term_relationship/transcript?language=en#t-247887

6. "The Tim Ferriss Show transcripts: Episode 28: Peter Thiel (show notes and links at tim.blog/podcast)," 2017–2018, accessed September 2, 2020, https://tim.blog/wp-content/uploads/2018/07/28-peter-thiel.pdf
7. "Charlie Munger on Getting Rich, Wisdom, Focus, Fake Knowledge and More," https://fs.blog/2017/02/charlie-munger-wisdom/
8. "Obama 4: Wait Your Turn," from *Making Obama*, Chicago Public Media, March 1, 2018, accessed September 2, 2020, https://www.wbez.org/stories/obama-4-wait-your-turn/34d62aec-cd06-49bc-86a6-4cdf33766055
9. John Sepulvado, "Obama's 'overnight success' in 2004 was a year in the making," *OPB*, May 19, 2016, accessed September 2, 2020, https://www.opb.org/news/series/election-2016/president-barack-obama-2004-convention-speech-legacy/
10. Jodi Kantor and Monica Davey, "Crossed Paths: Chicago's Jacksons and Obamas," *New York Times*, February 24, 2013, accessed September 1, 2020, https://www.nytimes.com/2013/02/25/us/politics/crossed-paths-chicagos-jacksons-and-obamas.html
11. "Obama 1: The Man in the Background," from *Making Obama*, Chicago Public Media, February 8, 2018, accessed September 2, 2020, https://www.wbez.org/stories/obama-1-the-man-in-the-background/52566713-83d4-4875-8bb1-eba55937228e

步驟 7　卸下自我的包袱

1. "George P. Schaller, PhD: Wildlife Biologist and Conservationist," Biography, Academy of Achievement, accessed August 20, 2020, https://achievement.org/achiever/george-b-schaller-ph-d/
   "Jack Kornfield: Awakening the Buddha of Wisdom in Difficulties," accessed August 28, 2020, https://jackkornfield.com/awakening-buddha-wisdom-difficulties/
   Jack Kornfield, *A Lamp in the Darkness: Illuminating the Path Through Difficult Times* (Sounds True, 2014).
2. "Pizza trivia," Pizza Joint website, accessed September 2, 2020, https://www.thepizzajoint.com/pizzafacts.html, and Packaged Facts, New York.
3. Yoni Blumberg, "Domino's stock outperformed Apple and Amazon over 7 years — now it's the world's largest pizza chain," *CNBC*, March 1, 2018, accessed January 30, 2020, https://www.cnbc.com/2018/03/01/no-point-1-pizza-chain-dominos-outperformed-amazon-google-and-apple-stocks.html.

4. Parmy Olson, "Inside The Facebook–WhatsApp Megadeal: The Courtship, The Secret Meetings, The $19 Billion Poker Game," *Forbes*, March 4, 2014, accessed August 20, 2020, https://www.forbes.com/sites/parmyolson/2014/03/04/inside-the-facebook-whatsapp-megadeal-the-courtship-the-secret-meetings-the-19-billion-poker-game/#2a3c0945350f.
5. Peter Kelley, "The King's Speech mostly true to life, UW expert on stuttering says," *UW News*, January 12, 2001, accessed January 28, 2020, https://www.washington.edu/news/2011/01/12/the-kings-speech-mostly-true-to-life-uw-expert-on-stuttering-says/.
6. "Charges baby food maker utilized scare tactics," *Standard-Speaker* (Hazleton, Pennsylvania), January 10, 1976, p. 8, accessed September 24, 2020, https://www.newspapers.com/clip/23773011/.
7. Adam Braun, *The Promise of a Pencil* (New York: Scribner, 2014), 122–123.

結語

1. "Airbnb statistics," iProperty Management, last updated March 2020, accessed September 1, 2020, https://ipropertymanagement.com/research/airbnb-statistics.

Eurasian Publishing Group 圓神出版事業機構　先覺出版社 Prophet Press
www.booklife.com.tw　reader@mail.eurasian.com.tw

商戰系列 255

7個步驟，讓人想挺你：學會「被看好」的特質，貴人就會出現

作　　者／桑尼爾．古普塔（Suneel Gupta）、卡莉．阿德勒（Carlye Adler）
譯　　者／林麗雪
發 行 人／簡志忠
出 版 者／先覺出版股份有限公司
地　　址／臺北市南京東路四段50號6樓之1
電　　話／（02）2579-6600．2579-8800．2570-3939
傳　　真／（02）2579-0338．2577-3220．2570-3636
副 社 長／陳秋月
副總編輯／李宛蓁
責任編輯／林淑鈴
校　　對／陳秋月．朱玉立．林淑鈴
美術編輯／李家宜
行銷企畫／陳禹伶．黃惟儂
印務統籌／劉鳳剛．高榮祥
監　　印／高榮祥
排　　版／杜易蓉
經 銷 商／叩應股份有限公司
郵撥帳號／18707239
法律顧問／圓神出版事業機構法律顧問　蕭雄淋律師
印　　刷／祥峰印刷廠
2025年8月　初版

定價 370 元　ISBN 978-986-134-545-1

當你能在經濟體系中提供更高的可獲利價值，就可以獲得更多報酬、被賦予更多責任和獲得晉升，尋求價值的客户也會對你趨之若鶩。相反的，抗拒「身爲公開市場上的可獲利產品」這種想法的人，不能吸引可獲利的投資，當然也無法享受到爲人們帶來豐厚投資報酬時所獲得的好處。

——《極簡商業課：60天在早餐桌旁讀完商學院，學會10項關鍵商業技能》

國家圖書館出版品預行編目資料

7 個步驟，讓人想挺你：學會「被看好」的特質，貴人就會出現／桑尼爾．古普塔（Suneel Gupta）、卡莉．阿德勒（Carlye Adler）著；林麗雪 譯 . -- 初版 .
-- 臺北市：先覺出版股份有限公司，2025.8
288 面；14.8×20.8 公分 --（商戰系列；255）
譯自：Backable: The Surprising Truth Behind What Makes People Take a Chance on You

ISBN 978-986-134-545-1（平裝）

1. CST：職場成功法　2. CST：商務傳播

494.35　114008014